“十二五”国家重点图书出版规划项目

青少年太空探索科普丛书

巨行星探秘

焦维新◎著

令人敬仰的木星陛下、

仙露明珠般的土星、

气质冷硬的天王星和海王星，

四颗巨行星演绎着各自的“星生”。

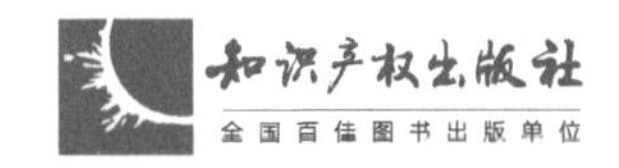

图书在版编目（CIP）数据

巨行星探秘 / 焦维新著 . —北京：知识产权出版社，2018.8（重印）
（青少年太空探索科普丛书）
ISBN 978-7-5130-3643-6

Ⅰ. ①巨… Ⅱ. ①焦… Ⅲ. ①行星－青少年读物 Ⅳ. ① P185-49

中国版本图书馆 CIP 数据核字 (2015) 第 155937 号

内容简介

巨行星指太阳系中的木星、土星、天王星与海王星，这类行星是气体行星，也称类木行星。与地球、火星这样的类地行星相比，巨行星有许多奇异的性质：木星的大红斑、土星的绚丽光环、天王星的大绿斑、海王星奇特的风暴等。更为重要的是，巨行星都有数量众多的卫星，而其中有一些极具特征的卫星，如号称"宇宙喷泉"的土卫二、有表面液体湖的土卫六、可能有丰富地下液体海洋的欧罗巴，是人类寻找地外生命的重要目标。巨行星有无穷的奥秘等待人们去探究。

责任编辑：陆彩云　张珑　　**责任出版：**刘译文

青少年太空探索科普丛书
巨行星探秘　JUXINGXING TANMI
焦维新　著

出版发行：知识产权出版社有限责任公司　**网　址：**http://www.ipph.cn
电　话：010-82004826　http://www.laichushu.com
社　址：北京市海淀区气象路 50 号院　**邮　编：**100081
责编电话：010-82000860 转 8110/8540　**责编邮箱：**riantjade@sina.com
发行电话：010-82000860 转 8101/8029　**发行传真：**010-82000893/82003279
印　刷：北京建宏印刷有限公司　**经　销：**各大网上书店、新华书店
开　本：720mm × 1000mm　1/16　**印　张：**9.75
版　次：2015 年 11 月第 1 版　**印　次：**2018 年 8 月第 3 次印刷
字　数：141 千字　**定　价：**39.00 元

ISBN 978-7-5130-3643-6

自序

在北京大学讲授“太空探索”课程已近二十年，学生选课的热情和对太空的关注度，给我留下了深刻的印象。这门课程是面向文理科学生的通选课，每次上课限定二百人，但选课的人数有时多达五六百人。近年来，我加入了“中国科学院老科学家科普演讲团”，每年在大、中、小学及公务员中作近百场科普讲座。广大青少年在讲座会场所洋溢出的热情令我感动。学生听课时的全神贯注、提问时的踊跃，特别是讲座结束后众多学生围着我要求签名的场面，使我感触颇深，学生对于向他们传授知识的人是多么敬重啊！

上述情况说明，广大中小学生和民众非常关注太空活动，渴望了解太空知识。正是基于这样的认识，我下决心“开设”一门中学生版的“太空探索”课程。除了继续进行科普宣传外，我还要写一套适合于中小学生的太空探索科普丛书，将课堂扩大到社会，使读者对广袤无垠的太空有系统的了解和全面的认识，对空间技术的魅力有深刻的体会，从根本上激励青少年热爱科学、刻苦学习、奋发向上，树立为祖国的科技腾飞贡献力量的理想。

我在着手写这套科普丛书之前，已经出版了四部关于空间科学与技术方面的大学本科教材，包括专为太空探索课程编著的教材《太空探索》，但写作科普书还是第一次。提起科普书，人们常用“知识性、趣味性、可读性”来要求，但满足这几点要求实在太不容易了。究竟选择哪些内容？怎样使读者对太空探索活动和太空科学知识产生兴趣？怎样的深度才能适合更多的人阅读？这些都是需要逐步摸索的。

为了跳出写教材的思路，满足知识性、趣味性和可读性的要求，本套丛书写作伊始，我就请夫人刘月兰做第一个读者，每写完两三章，就让她阅读，并分为三种情况。第一种情况，内容适合中学生，写得也较通俗易懂，这部分就通过了；第二种情况，内容还比较合适，但写得不够通俗，用词太专业，对于这部分内容，我进一步在语言上下功夫；第三种情况，内容太深，不适于中学生阅读，这部分就删掉了。儿子焦长锐和儿媳周媛都是从事社会科学的，我也让他们阅读并提出修改意见。

科普书与教材的写作目的和要求大不一样。教材不管写得怎样，学生都要看下去，因为有考试的要求；而对于科普书来说，阅读科普书是读者自我教育的过程，如果没有兴趣，看不下去，知识性再强，也达不到传递知识的目的。因此，对科普书的最基本要求是趣味性和可读性。

自加入中国科学院老科学家科普演讲团后，每年给大、中、小学生作科普讲座的次数明显增多。这种经历使我对不同文化水平人群的兴趣点、接受知识的能力等有了直接的感受，因此，写作思路也发生了变化。以前总是首先考虑知识的系统性、完整性和逻辑性，现在我首先考虑从哪儿入手能引起读者的兴趣，然后逐渐展开。科普书不可能有小说或传记文学那样动人的情节，但科学上的新发现、科技在推动人类进步方面的巨大作用、优秀科学家的人格魅力，这些材料如果组织得好，也是可以引人入胜的。

内容是图书的灵魂，相同的题材，可以有不同的内容。在内容的选择上，我觉得科普书应该给读者最新的、最前沿的知识。例如，《太空资源》一书中，我将哈勃空间望远镜和斯皮策空间望远镜拍摄到的具有代表性的图片展示给读者，这些图片都有很高的清晰度，充满梦幻色彩，非常漂亮，让读者直观地看到宇宙深处的奇观。读者在惊叹之余，更能领略到人类科技的魅力。

在创作本套丛书时，我尽力在有关的章节中体现这样的思想：科普图书不光是普及科学知识，更重要的是要弘扬科学精神、提高科学素养。太空探索之路是不平坦的，充满了挑战，航天员甚至要面对生命危险。科学家们享受过成功的喜悦，也承受了一次次失败的打击。没有强烈的探索精神，没有坚强的战斗意志，人类不可能在太空探索方面取得如此辉煌的成就。

现在呈现给大家的《青少年太空探索科普丛书》，系统地介绍了太阳系天体、空间环境、太空技术应用等方面的知识，每册一个专题，具有相对独立性，整套则使读者对当今重要的太空问题有系统的了解。各分册分别是《月球文化与月球探测》《遨游太阳系》《地外生命的365个问题》《间谍卫星大揭秘》《人类为什么要建空间站》《空间天气与人类社会》《揭开金星神秘的面纱》《北斗卫星导航系统》《太空资源》《巨行星探秘》。经过知识产权出版社领导和编辑的努力，这套丛书已经入选国家新闻出版广电总局“十二五”国家重点图书出版规划项目，其中《月球文化与月球探测》已于2013年11月出版，并获得科技部评选的2014年“全国优秀科普作品”，其他九个分册获得2015年度国家出版基金的资助。

为了更加直观地介绍太空知识，本丛书含有大量彩色图片，书中部分图片已标明图片来源，其他未标注图片来源的主要取自美国国家航空航天局（NASA）、太空网（www.space.com）、喷气推进实验室（JPL）和欧洲空间局（ESA）的网站，也有少量图片取自英文维基百科全书等网站。在此对这些网站表示衷心的感谢。

鉴于个人水平有限，书中不免有疏漏不妥之处，望读者在阅读时不吝赐教，以便我们再版时做出修正。

目录
CONTENTS

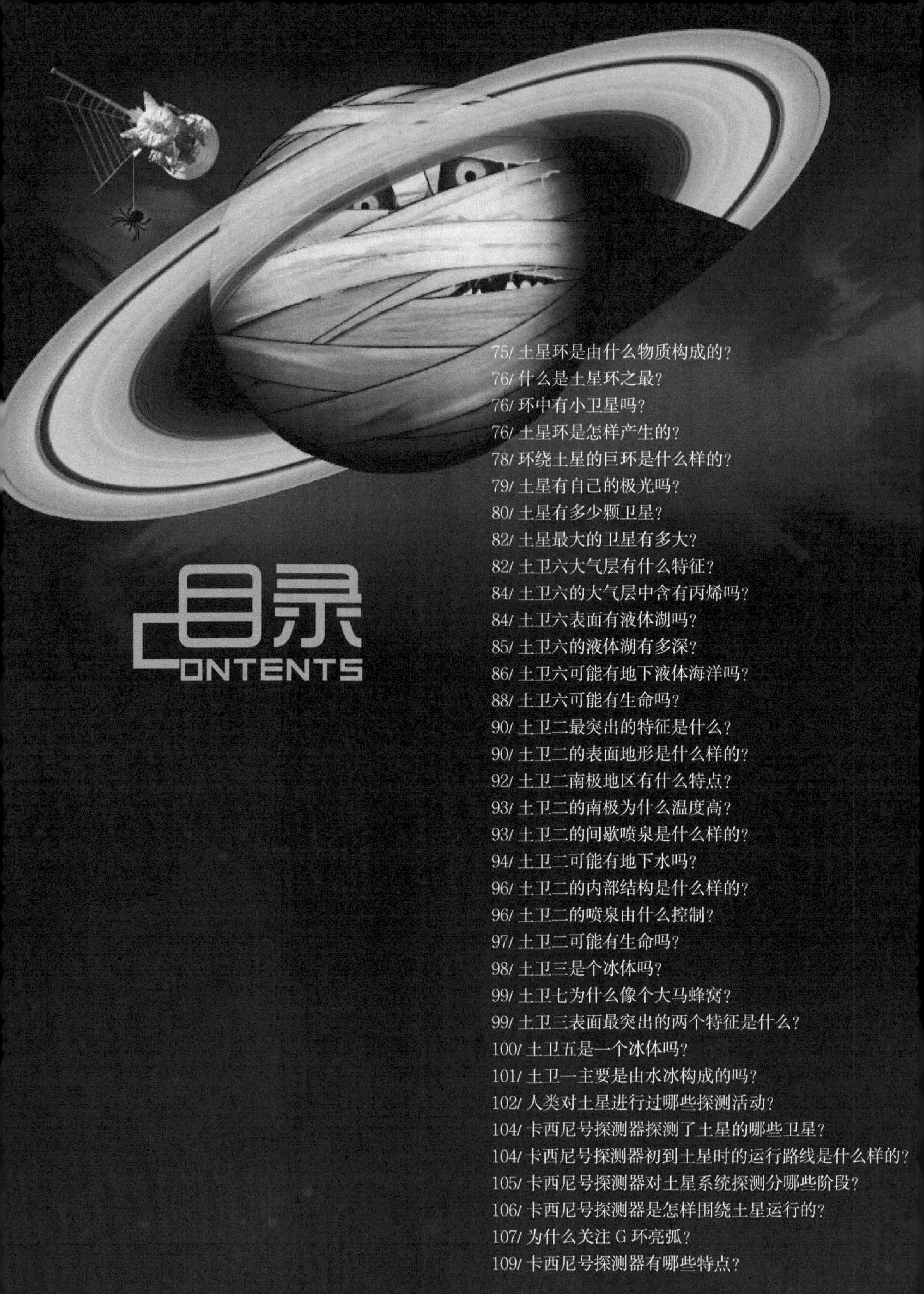

目录 CONTENTS

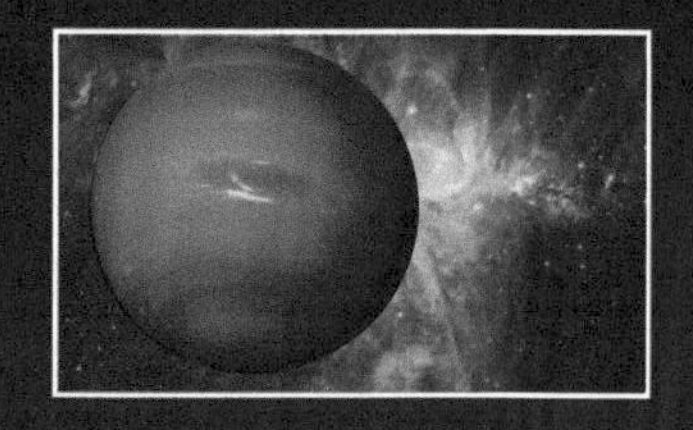

第1章

什么是巨行星？

在浩渺无际的宇宙，有一类被称为巨行星的天体，它们与其他天体相比，有明显的特点。

实至名归：体积和重量都很庞大；

身手敏捷：主要由气体构成，密度较低，自旋较快；

翠绕珠围：都有环，有大量卫星。

水星 金星 地球 火星

太阳系有哪些类型的天体?

太阳和以太阳为中心、受其引力支配而环绕它运动的天体构成的系统称为太阳系。具体来说，太阳系包括太阳、行星及其卫星、矮行星、开伯带天体、彗星、小行星和行星际尘埃等。

2006 年 8 月，国际天文学联合会（IAU）明确提出了行星和矮行星的定义。按照这个定义，太阳系有 8 颗行星、5 颗矮行星。8 颗行星按照距离太阳由近及远的顺序，依次为水星、金星、地球、火星、木星、土星、天王星和海王星。冥王星则被列入矮行星之列。5 颗矮行星分别为冥王星（Pluto）、谷神星（Ceres）、阋神星（Eris）、鸟神星（Makemake）和妊神星（Haumea）。

▲ 八颗行星大小比较

行星是怎样分类的?

按行星的组成特征，行星可分为类地行星和类木行星。类地行星包括水星、金星、地球和火星，基本上是由岩石和金属组成的，密度高、自转缓慢、固体表面、没有环、没有卫星或卫星很少；类木行星包括木星、土星、天王星和海王星。

什么是巨行星?

类木行星由于体积和质量都十分庞大，因此也称巨行星。例如，木星的半径是地球的11倍，质量是地球的318倍；土星的半径是地球的9.4倍，质量是地球的95.1倍；天王星的半径是地球的4.1倍，质量是地球的14.6倍；就连体积最小的海王星，也比地球大得多，其半径是地球的3.9倍，质量是地球的17.2倍。

巨行星有哪些共同特征?

巨行星的共同特征是：主要由气体物质组成，有厚的大气层，密度较低，自转快，有环和大量的卫星。

构成巨行星的物质主要是气体，因此也称它们为气体行星。气体主要包括氢和氦。巨行星虽然重，但密度却很低，远远低于地球的密度。

巨行星大而不笨，自转速度极快，远超过地球的自转速度。

每颗巨行星都有环围绕，有的环十分漂亮，是太阳系中的一绝。

每颗巨行星都有许多卫星，如木星有 67 颗，土星有 62 颗，天王星有 27 颗，海王星有 13 颗。

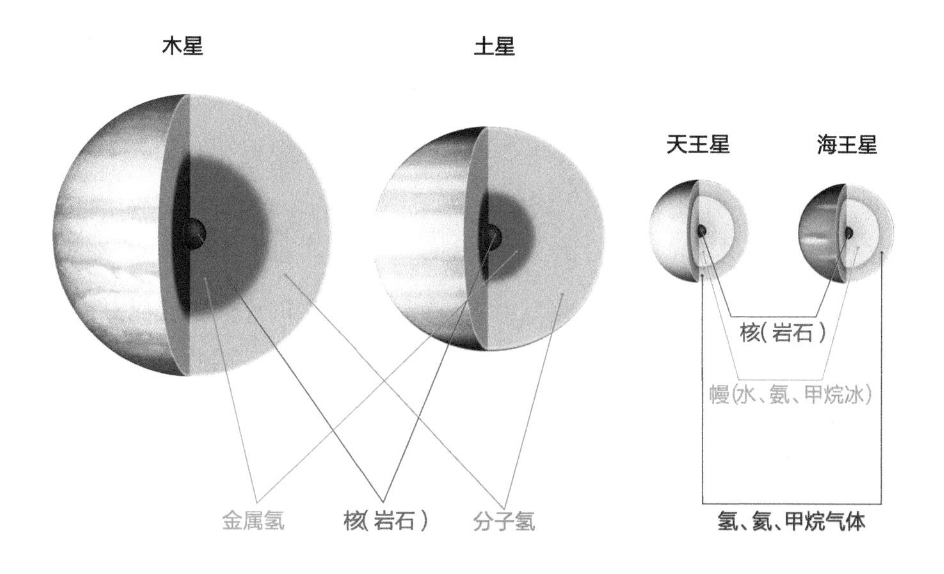

▲　巨行星的大小及内部结构

▲ 巨行星环（卡通图）

为什么要研究巨行星?

巨行星距离地球遥远，探测和研究巨行星有许多困难，但研究巨行星的意义重大。

⑴ 与地球上的情况作对比。在巨行星上发生的许多物理现象都是极端的，在地球上无法发生，在实验室里也无法模拟。因此，巨行星是研究诸多自然现象的天然实验室。

⑵ 巨行星在推动适居行星系统形成过程中起着重要作用，巨行星的一些卫星有生命存在的可能性。

⑶ 研究太阳系中巨行星的形成、轨道演变、成分、大气结构和环境，有利于进一步了解太阳系外行星的特征。

▲　已发现的最大的太阳系外行星与木星比较

▲　2013 年发现的部分太阳系外行星

第2章

木星王国的奥秘

木星很有国王之态，好像被群臣环伺。即便它的卫星，也颗颗都是“重量级”。

人类对木星的探测由来已久——这是对“保护神”的敬意吧！

本页图为木星上著名的大红斑。

木星有多大?

木星的英文名称为“Jupiter”，译为“朱庇特”，取自罗马神话中的诸神之王的名字。作为神秘莫测的行星之王，将木星称为朱庇特可谓恰如其分。木星大得足以容下太阳系里的所有行星和卫星，且空间还会有剩余。如果你能挪动地球，那么你可以把1000多颗地球装进木星。如果你乘坐喷气式飞机环绕地球飞行一圈，需要不到两天；而以同样方式环绕木星飞行，你就需要整整三周，途中需加油50次。木星古称岁星，取其绕行天球一周为12年，与地支相同。

木星的许多有趣的性质都是由它的快速自转造成的。例如，木星并不是正圆球，赤道的半径为7.15万千米，通过南北极的半径为6.69万千米，两者相差0.46万千米；如此快速的自转产生了巨大的离心效应，促使气流与赤道平行，在木星表面产生了极其复杂的花纹图案，并出现与赤道平行的云带。

木星（Jupiter）小档案

①到太阳的最小距离是4.95AU(AU表示地球到太阳的平均距离),最大距离是5.46AU。

②半径为7.15万千米，是地球的11倍。

③体积为地球的1316倍。

④质量是地球的318倍，是其他七大行星质量总和的2.5倍。

⑤平均密度相当低，仅1.33克每立方厘米。

⑥自转速度是太阳系中最快的，自转周期为9小时50分30秒。

⑦公转周期为4332.71天。

木星大气层为什么五颜六色?

从远处望去，木星好像高悬于太空的一只彩灯笼，颜色鲜艳，条纹清晰。是什么原因使得木星的云层如此与众不同呢?

木星大气层的不同颜色是由其化学成分的微妙差异造成的。木星大气由86%的氢和14%的氦及微量的甲烷、氨和水蒸气组成，其中可能也混入了硫的混合物，造就了它五彩缤纷的视觉效果。

木星表面的条带形结构与木星的快速自转有关，条状色彩随云层高度有所变化：低处为蓝色，然后是棕色与白色，高处为红色。

此外，木星上的风暴是行星气体的对流产生的，这些风暴将一些物质，如磷、硫和碳氢化合物，从靠近中心带到云顶，产生了白色、褐色和红色的斑。白斑是冷的风暴，褐斑是温暖的风暴，而红斑是热的风暴。

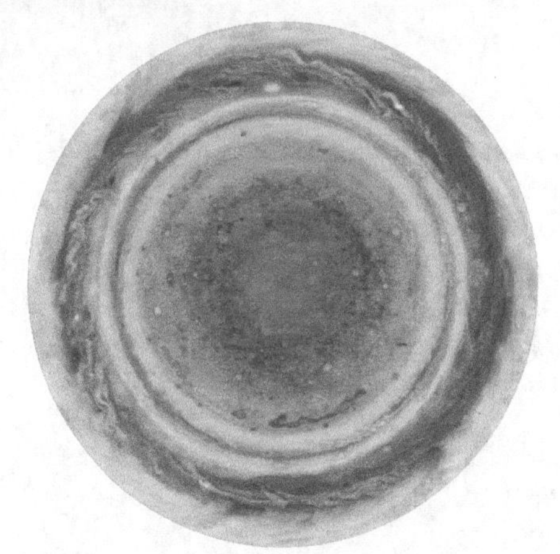

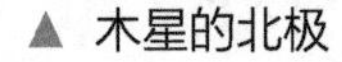
▲ 木星的北极

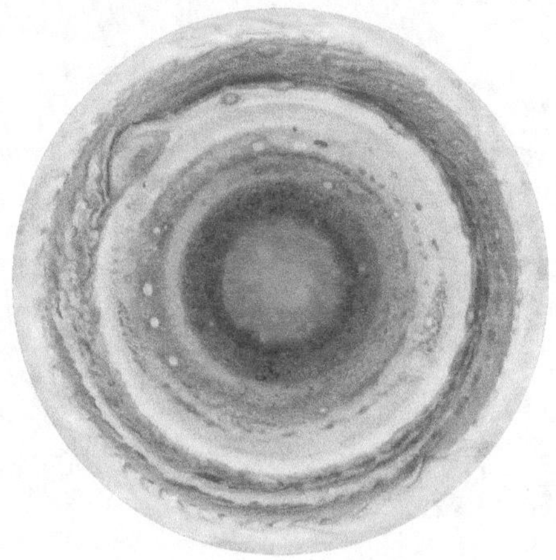

▲ 木星的南极

木星的大红斑有多大?

自1664 年首次被发现以来，木星著名的“美人痣”——大红斑就一直是个谜团。大红斑是个长2.5万千米、跨度为1.2万千米的椭圆，足以容纳两个地球。红外线观察和对木星自转趋势的推导显示，大红斑是一个高压区，其云层顶端比周围地区高很多，也冷很多。这个看似永不停歇的风暴，更像云层间的巨型旋涡，可盘旋到8000米的高空。为什么大红斑是红色的呢？这是个很难回答的问题。事实上，几百年前，天文学家就注意到了木星上的颜色，但时至今日，仍没有详尽的解释。现在比较明确的仅仅是很少量的硫化物或磷会呈现红色。

木星大气层的白卵有多大?

右图显示了木星云中长寿命的白卵，在南半球已经持续了近 40 年。它位于大红斑南面，中心大约在南纬 30° ，西经 100° ，其东西方向的长度为 9000 千米。与大红斑一样的是，这种白卵也是逆时针旋转的气旋。

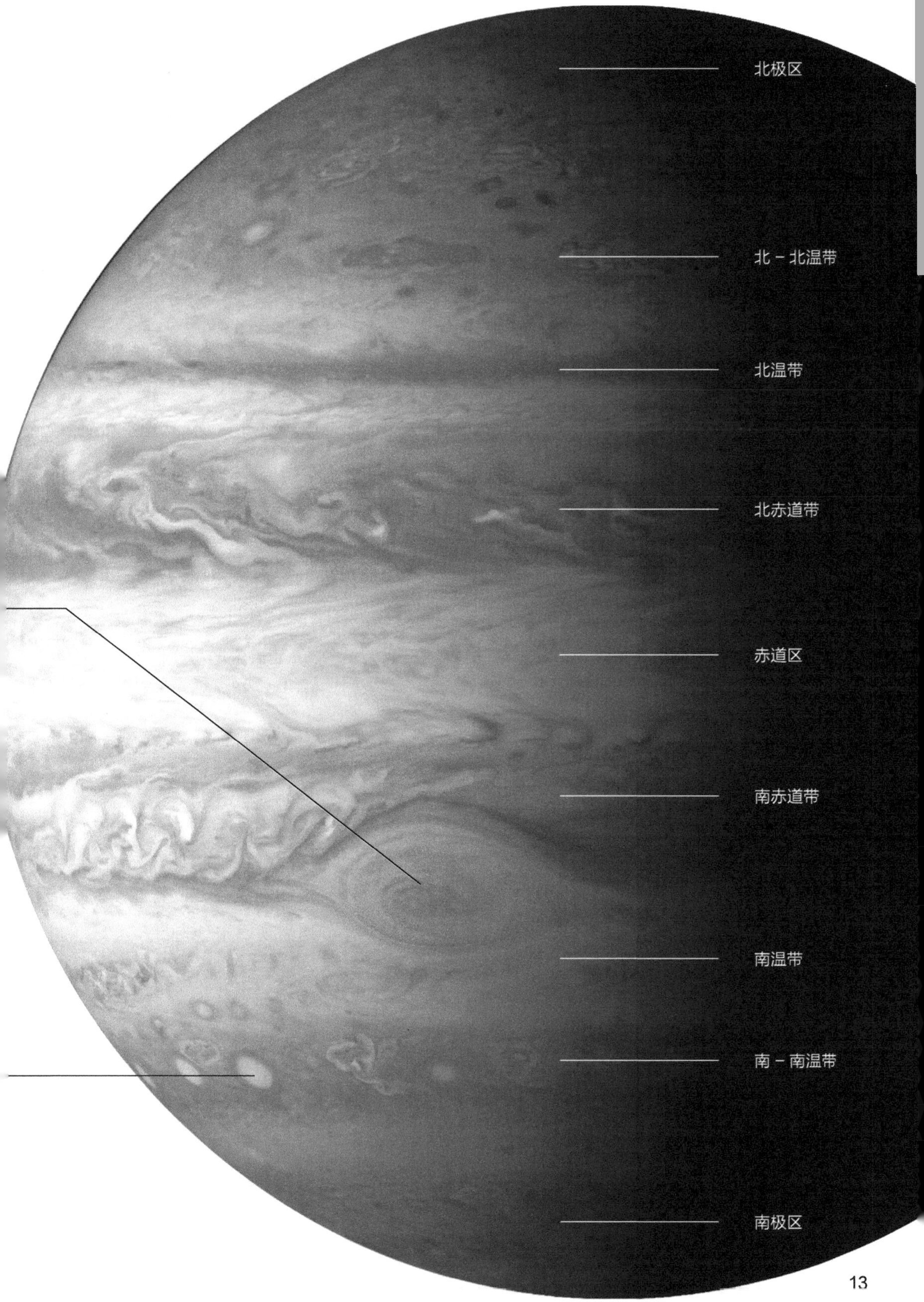

北极区

北－北温带

北温带

北赤道带

赤道区

南赤道带

南温带

南－南温带

南极区

木星的褐卵有多大？

木星不仅有白卵，还有褐卵。旅行者 1 号探测器于 1979 年 3 月拍摄到的褐色卵，其长度与地球直径大致相等。这种特征结构在木星大气层中也不少见。一般来说，褐卵的平均寿命为 1 ～ 2 年。

木星有固体的核心吗？

根据现在的理论模型，木星有一个固体核，但没有得到观测证实。美国国家航空航天局（NASA）于 2011 年 8 月发射的朱诺号探测器预计 2016 年 7 月抵达木星，对木星进行探测将有望解决这个问题。

木星有无固体核，对其起源的理论有直接的影响。如果朱诺号探测器重力测量的结果显示木星没有固体核心，那就表明木星跟太阳一样很早就形成了；如果有固体核心，则表明木星是在固体物质出现后才形成的。

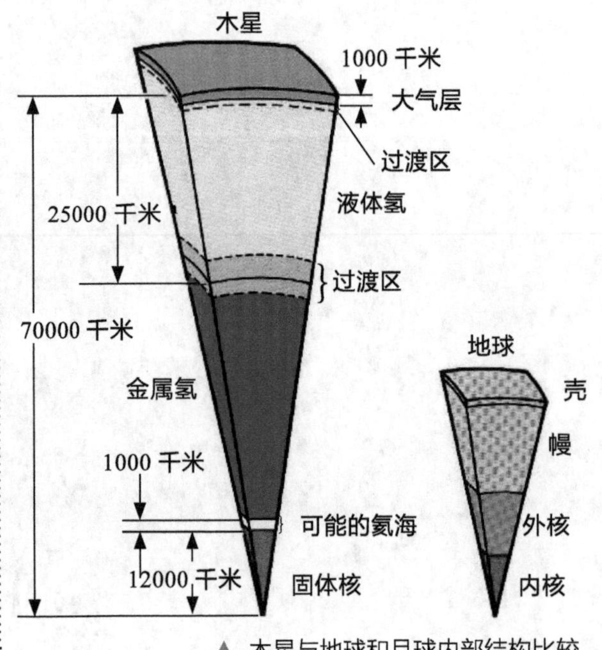

▲ 木星与地球和月球内部结构比较

木星大气层有多厚？

我们通常称木星为气体行星，其实在木星上处于气体形态的物质是有限的。根据目前的理论模型，可见的云层、氢与氦气体层大约1000千米厚，往下有一个薄的过渡区，接着是大约2.5万千米深的液体氢。液体氢的底部也有一个过渡区，这个过渡区的下面则是大约3.2万千米深的液态金属氢。木星的核心可能是一个半径大约1.2万千米的固体核，其中的固体物质是什么，现在还无法确定。

木星大气层有闪电吗?

如果你在木星的大气层里，你会听到非常响的雷鸣。木星上雷声传播的速度比地球上的快 4 倍。在木星上看到的塔状积云高达 50 千米，而地球上的只有 10 ～ 11 千米高。木星的雷暴与地球的雷暴相似，它们是经常出现在区与带之间的风暴。木星的风暴经常与闪电结合在一起，伽利略号和卡西尼号探测器在木星的夜晚一侧观测到规则出现的闪电。木星上雷击的平均威力比地球上的强大，但是它们的频率不如地球上的雷击；木星上闪电释放的能量也如同地球上的一样，集中在一些特定的区域。少数闪电被探测到出现在极区，使木星成为除地球之外，第二颗在极区展现出闪电的行星。

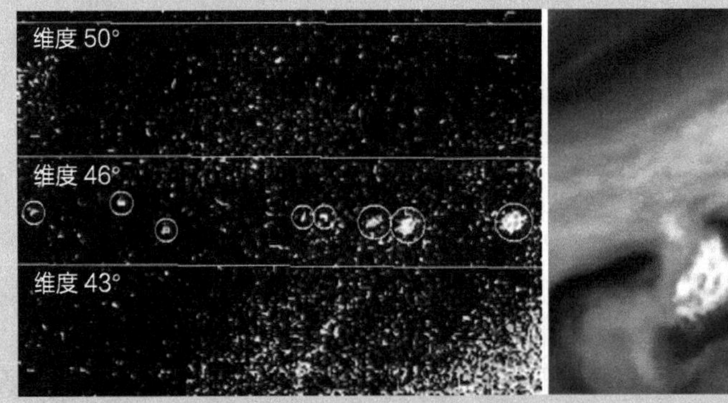

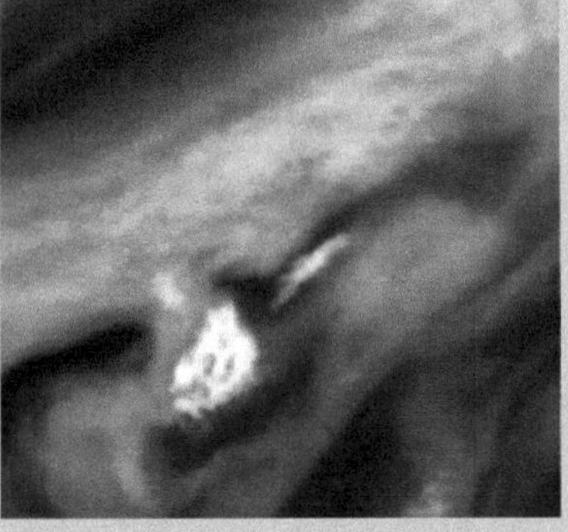

▲ 伽利略号探测器拍摄到的木星表面成像。左图的圆斑给出闪电发生的位置，最大的斑大约 500 千米；右图是其中一个区域的闪电图像。

木星的磁场有多强?

木星的磁场比地球的磁场强，表面的磁场是地球磁场的十几倍。

木星的磁场为什么这样强呢？木星内部有大约 3.2 万千米深的液态金属氢。所谓金属氢，就是指氢原子的外层电子因压力过大而远离原子核，所以氢原子变成了氢离子，具有导电性。由于木星自转很快，这种导电的液体形成了电流环，使木星产生了强有力的磁场。

磁矩是一个描述行星磁场大小的名词，指电流环中的电流强度乘以电流环的面积。木星的磁矩是地球磁矩的 2 万倍。也就是说，木星的电流非常大，其电流环面积也特别大。

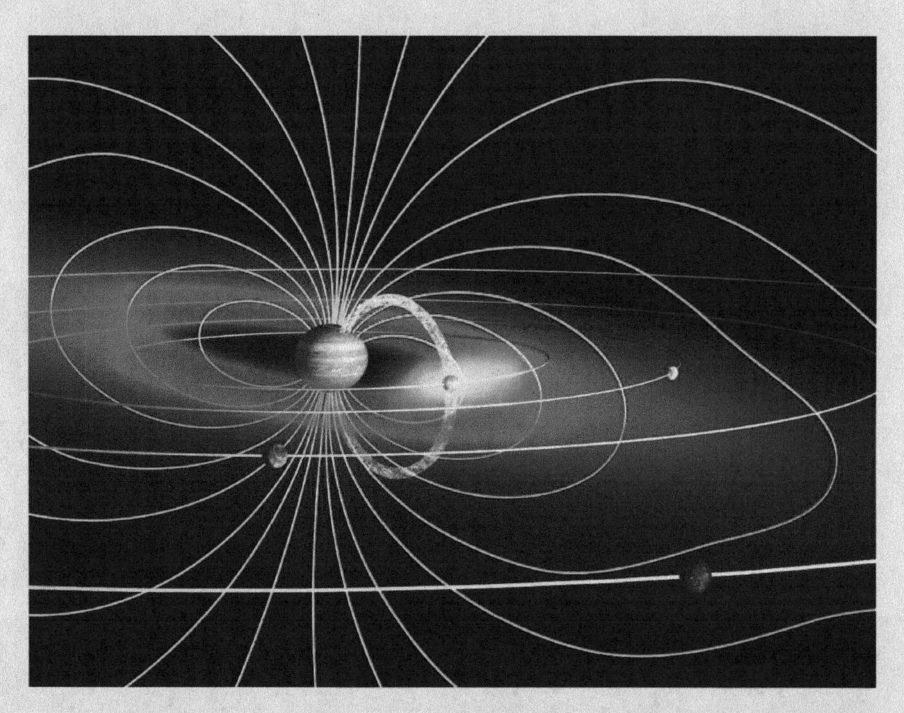

▲ 木星磁场

木星的辐射带有多大？

先说说什么叫辐射带。对于地球和木星，它们本身有很强的磁场，当来自太阳或银河系其他恒星的带电粒子向行星撞击时，行星的磁场为了保护行星，不让这些带电粒子撞击到行星表面，会将这些粒子捕获在行星周围的区域内，使得这个区域内的带电粒子浓度特别高，这个区域就叫作辐射带。

卡西尼号探测器观测到了不同位置的内辐射带形状，木星的图形叠加在中间，便于对比辐射带的大小。观测结果表明，在距离木星 30 万千米以内的区域是太阳系最严重的辐射环境之一。木星的辐射带比地球的大几个数量级，其中粒子的能量比地球的高出 10 倍。因此，探测木星的各种探测器都要远离木星，以防被木星的强烈辐射损伤。

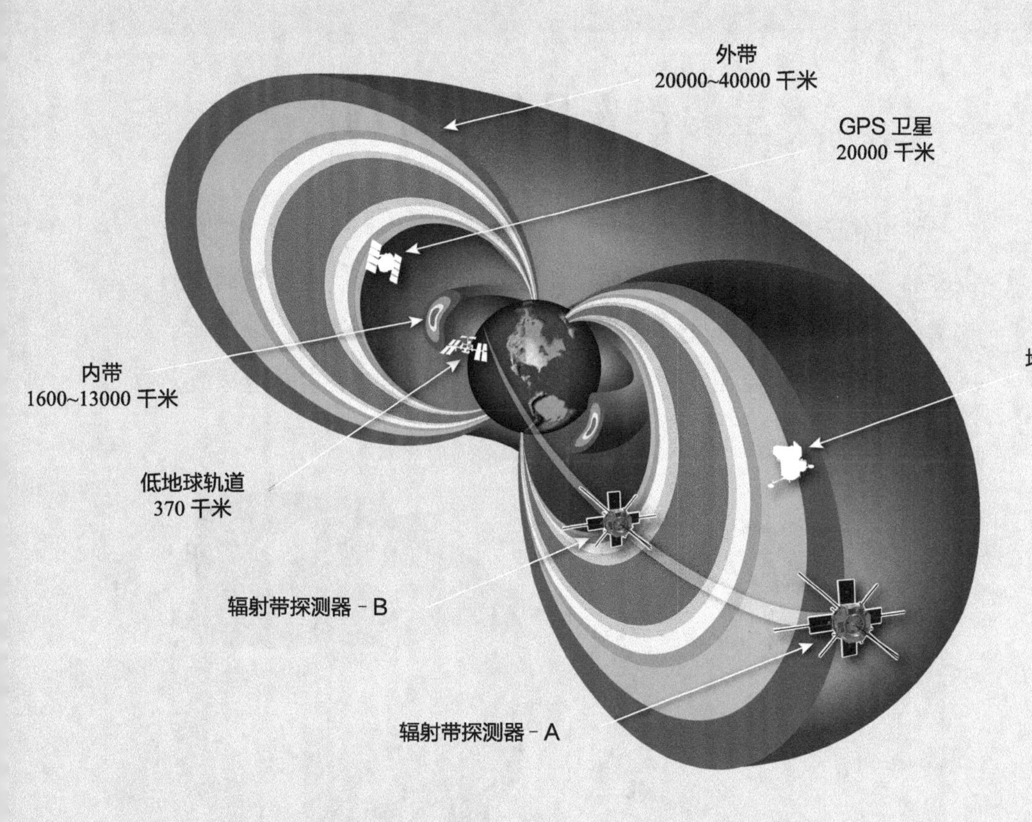

▲ 地球的辐射带

▲ 木星的内辐射带

木星的极光是什么样的?

带电粒子在沿着行星的磁力线沉降时，会与中性大气分子或原子发生碰撞，结果在极区产生发光现象，称为极光。只要行星有较稠密的大气层和磁场，就会有极光。空间望远镜和几个木星探测器都观测到了木星的极光。木星经常出现覆盖面积为地球面积数倍、亮度是地球极光数千倍的极光。

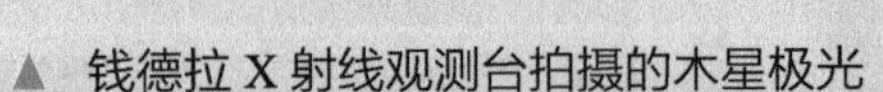

▲ 钱德拉 X 射线观测台拍摄的木星极光

▲ 哈勃空间望远镜观测到的木星极光

木星的环是什么样的?

旅行者 1 号于 1979 年首次观测到木星环。在 20 世纪 90 年代，伽利略号探测器对木星环进行了详细的观测。

木星环可分为四个部分：厚厚的粒子环面内层称为“晕”；一个相对光亮而且特别薄的“主环”；两个外部既厚又隐约可见的“薄环”。主环及晕由木卫十五、木卫十六及其他不能观测的主体因为高速撞击而喷出的尘埃组成。

▲ 木星环的基本结构

▲ 由伽利略号探测器拍摄的主环图像

木星有多少颗卫星？

木星拥有 79 颗已确认的天然卫星，是太阳系内拥有卫星最多的行星。其中最大的 4 颗统称为伽利略卫星，是由伽利略于 1610 年发现的，它们是首次被发现的不是围绕地球或太阳运行的天体。19 世纪末期，许多更小的卫星被发现，并以罗马神话中诸神之王朱庇特（或希腊的神宙斯）的各位情人、倾慕者和女儿的名字命名。

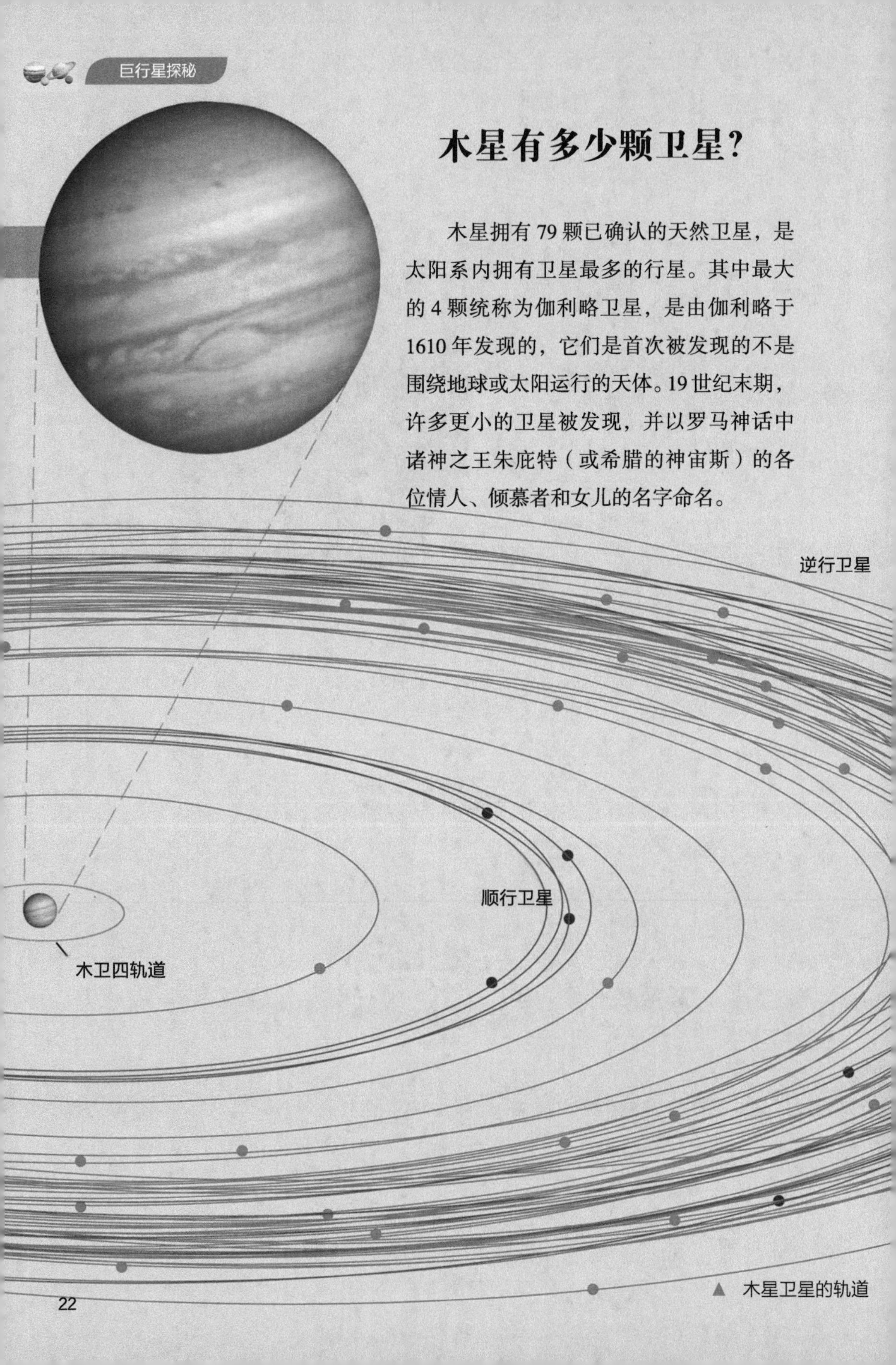

▲ 木星卫星的轨道

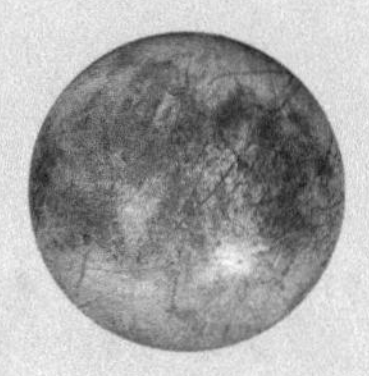

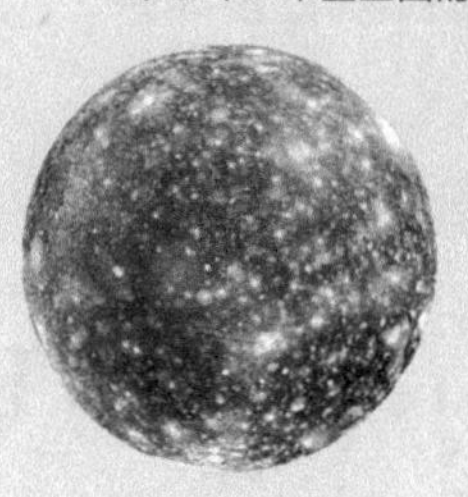

木卫一	木卫二	木卫三	木卫四
Io	Europa	Ganymede	Callisto
艾奥	欧罗巴	盖尼米德	卡里斯托

▲ 木星的 4 颗伽利略卫星

木星的卫星之中有 8 颗属于规则卫星，它们顺行（天体的公转方向与其所绕天体的自转方向相同，称为顺行；否则称为逆行）的轨道几乎呈正圆，相对于木星的赤道面倾斜度近乎零。其中的 4 颗伽利略卫星都是近球体，其余 4 颗体积更小，更接近木星，是木星环尘埃的主要来源。

4 颗伽利略卫星的半径比任何矮行星都要大，而且论直径是太阳系中除太阳和八大行星之外最大的天体，分别为太阳系中第 4、第 6、第 1 和第 3 大的天然卫星。它们占木星卫星总质量的 99.999%。

剩下的卫星是小型的不规则卫星，这些卫星，一般离木星近的为顺行，离木星远的为逆行，它们的轨道倾角和离心率也更大。这些卫星很可能是从小行星带吸引过来的。

500 万千米

木卫一的“火焰山”是什么样的?

在伽利略卫星家族中，木卫一是最靠近木星的。那里有数百座火山，是火焰山的世界，是火和硫黄的世界。想要寻求刺激的人可以去木卫一，去那里看看喷出的巨型火山灰柱，遍布地表的炽热熔岩，那里有巨大的烟柱、纷飞的硫化物，还有比地球上的熔岩温度更高的熔岩喷泉。那里是一个令人惊叹的地方。

木卫一是太阳系火山最集中的地方，几乎每 100 多千米就有一座火山。火山几乎随时都在喷发，岩浆被喷射到 300 多千米的高空，那些喷发物每年能让其表面增高 1 厘米。

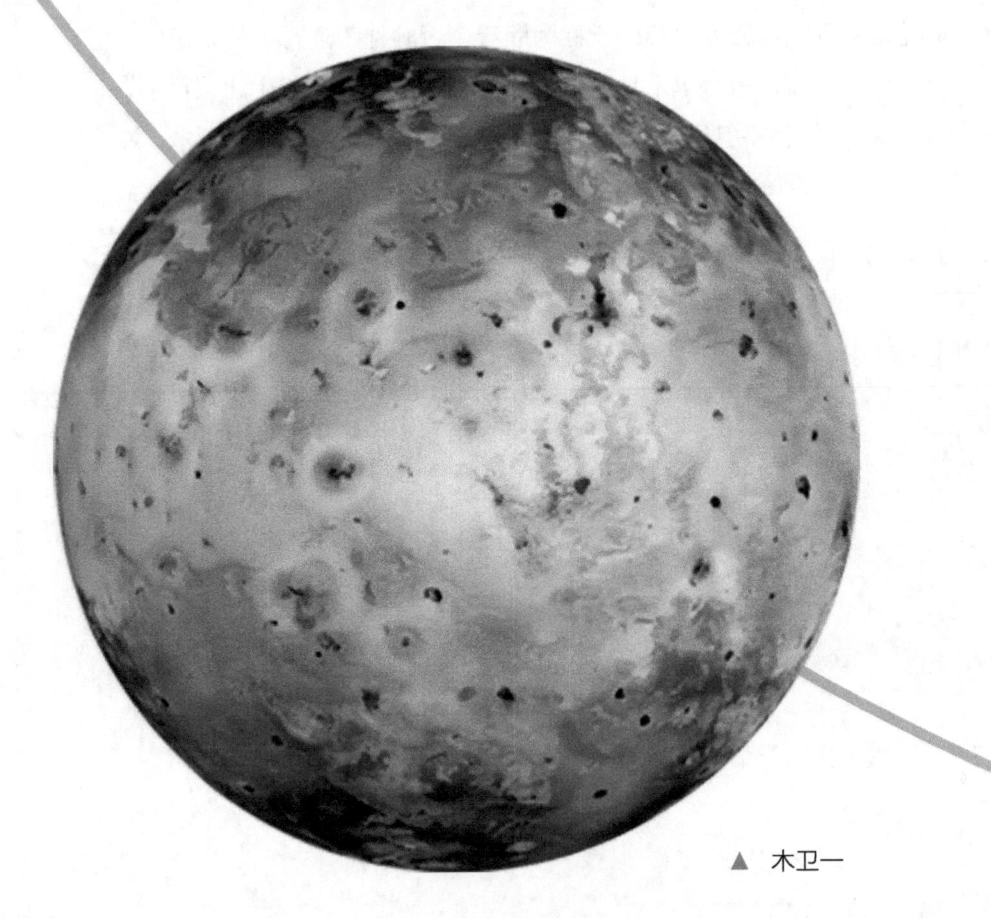

▲ 木卫一

如果像伽利略号探测器那样在夜间飞过木卫一，就会看到翻腾的熔岩湖，那情景着实令人难忘。木卫一的风景有点像被硫化的、红黄色版的夏威夷岛。

木卫一另一个让人印象深刻的地方是，由于受到的重力很小，二氧化硫气体像间歇泉一样喷发，形成二氧化硫晶体，直冲到 100 千米高的空中，形成伞状的尘柱，然后落回地面。

木卫一上存在如此剧烈的火山活动，是因为木星引起的潮汐力源源不断地向这颗卫星输送能量。这里指的潮汐与地球上的潮汐不同，是指木卫一被潮汐力挤压。木卫一的赤道地表在最接近木星时，会比离木星最远时高出约 100 米，这是强大的挤压和推拉过程。木卫一就像被木星的引力之手捏着的“热油灰”。

木卫一的大气层非常稀薄，大部分气体都是火山喷发出来的，基本上没有可供呼吸的空气。如果能够忍受约 -185℃的温度，在木卫一上坐下来，便可以欣赏美妙的画面。但是要保护自己不受严寒的侵袭，

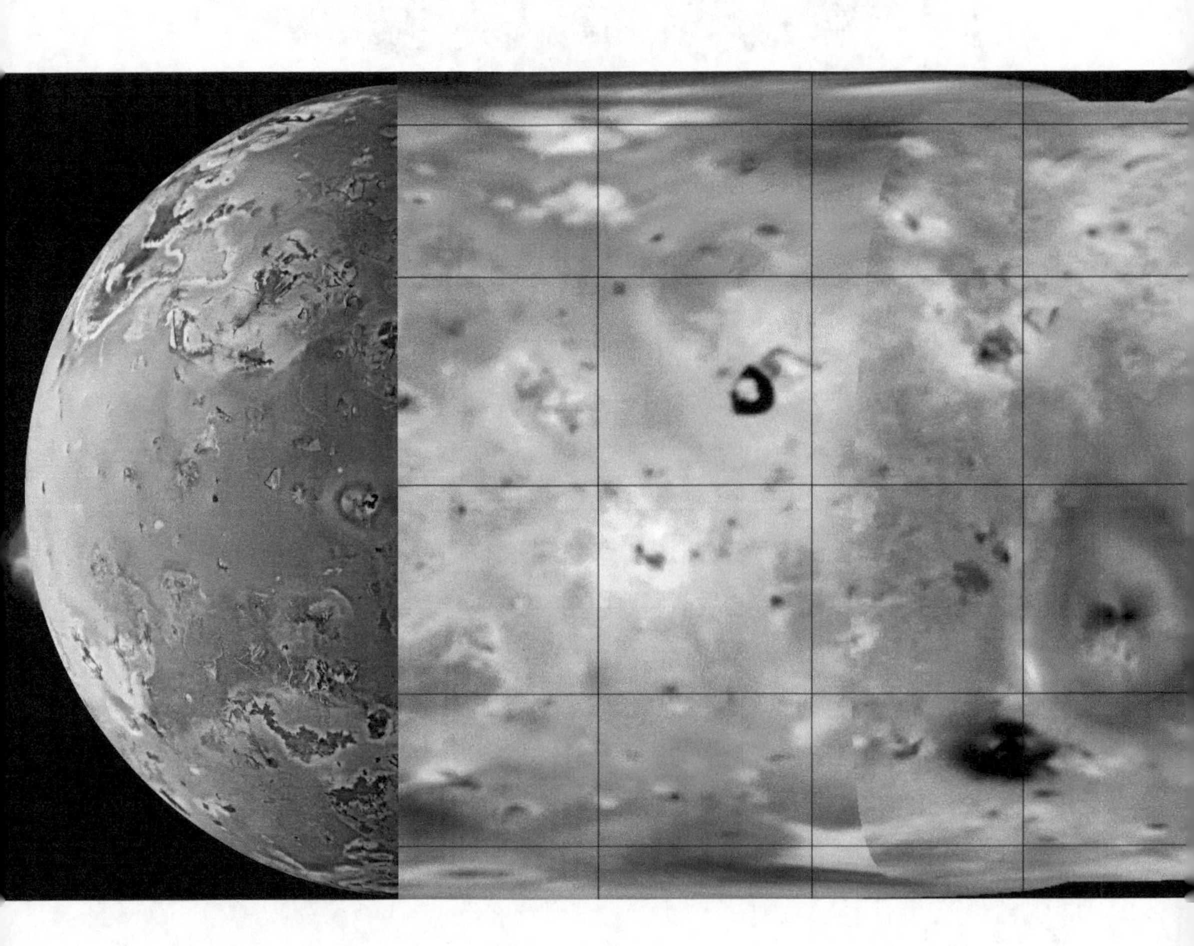

▲ 木卫一表面的喷发情况

还得抵御大剂量的致命辐射。从烟柱流入太空的气体，获得了磁层的能量，形成一道强烈的辐射带，如果人类没有穿上正常的宇航服就踏上木卫一，要不了几分钟，受到的辐射剂量就足以致命。

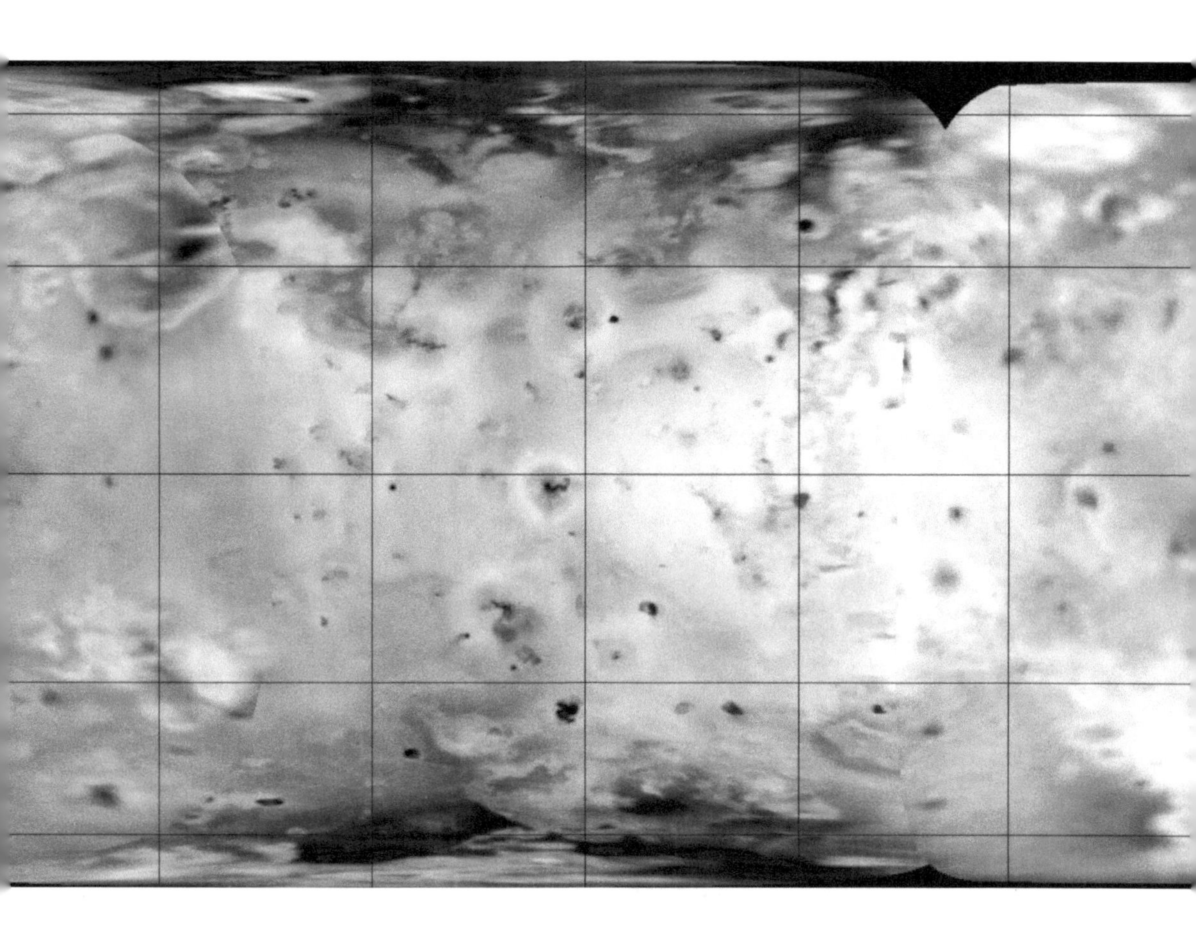

▲ 木卫一的全球展开图

木卫二是一个什么样的世界?

讲到冰雪世界时，我们会想起：“北国风光，千里冰封，万里雪飘……”如果把这首词照搬到描写木卫二（习惯上根据音译称为欧罗巴，下文均以此称之），当然不完全合适，因为欧罗巴没有万里雪飘，但它确实是千里冰封的世界。欧罗巴表面的最高温度只有 –160℃，而最低温度则达到 –220℃。

下图是由伽利略号探测器拍摄的欧罗巴表面图像，长线条特征是裂缝或山脊，蓝色区域是冰层，暗红色表示冰层中含有杂质，可能是从表面下的海洋涌上来的盐。

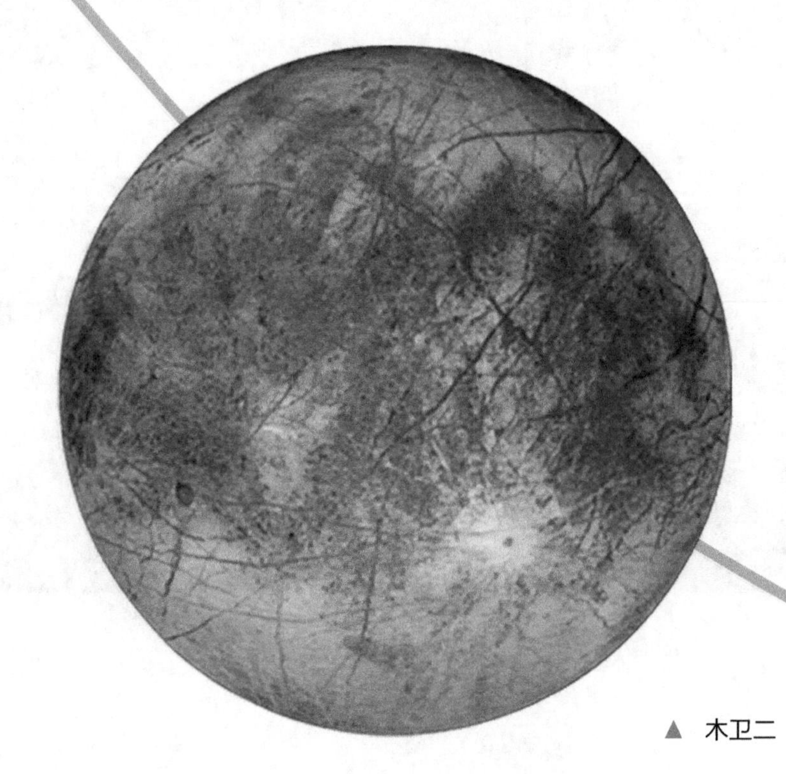

▲ 木卫二

欧罗巴确实是一颗迷人的星球，可以想象一下，如果你降落在它的南北极，那么眼前会是什么景象？那里非常明亮，因为冰的反照率高达 0.64（它是太阳系反照率最高的卫星之一）。有的地方还裂开了，看上去就像其表面全是浮冰一样，这就像是从冰面上掠过。着陆后，看不到雄伟的山脉，只看到交叉错落的山脊，还有遍及各地的陡峭的雪坡。在陡峭的雪坡上，还点缀着浅粉色的条纹。冰面的温度很低，冰面特别硬，就像石头一样。在欧罗巴表面行走时，你脚下可能会嘎吱作响。

欧罗巴表面最突出的特征是什么?

欧罗巴表面最突出的特征就是那些纵横交错、布满整个星球的暗色条纹。大一点的条纹横跨 20 千米，而宽条纹的深色部分和板块外缘过渡模糊。规则的纹路和宽条纹之间还夹有其他形态的纹路，如浅色细纹等。这很可能是由于表层冰壳开裂，较温暖的下层物质暴露，进而引起冰火山喷发或间歇泉造成的。近距离观测还表明，条纹两侧的板块有相向移动。

▼ 欧罗巴表面的条纹状结构

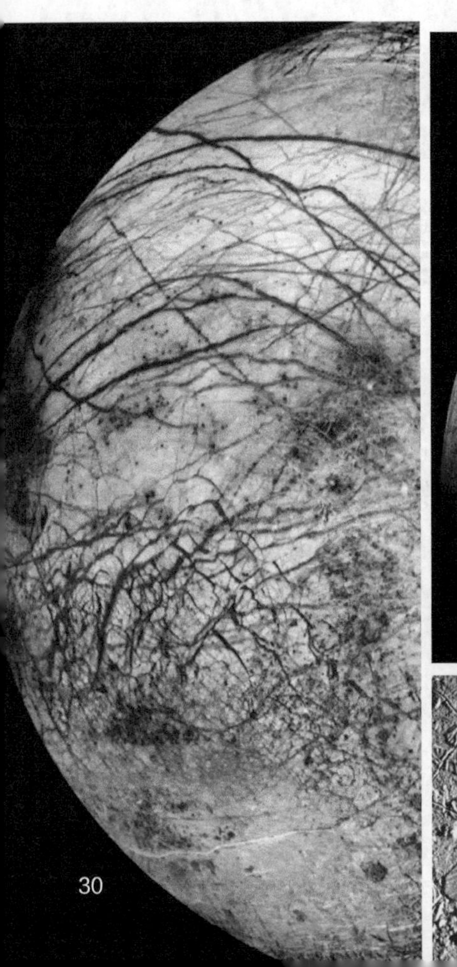

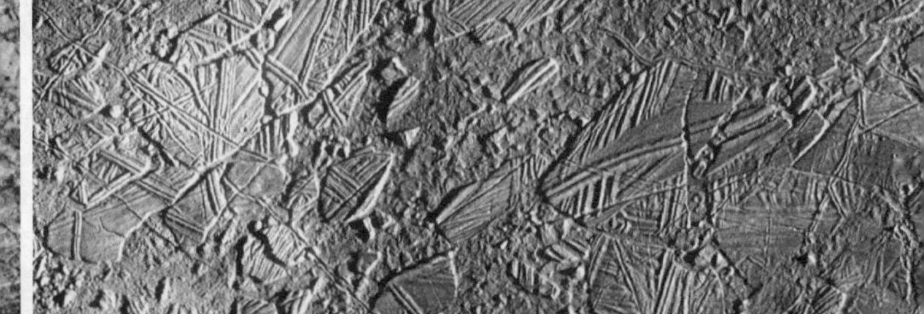

欧罗巴另一个显著的特征就是遍布全球的或大或小或圆或椭圆的暗斑。这些暗斑有的突起如穹，有的凹陷如坑，有的平坦如镜，也有的纹理粗糙。突起的小丘顶部大多较平整，显示它原本与周边的平原是一体的，因受挤压上抬而形成。据推测，暗斑的形成是下层温度较高的“暖冰”上涌而穿透表层的“寒冰”所致。光滑的暗斑是“暖冰”冲破表壳时有融水渗出造成的，那些粗糙错杂的斑痕区域（也称混沌区域），是由大量细小的表壳碎片镶嵌在暗色的圆丘中构成，就像地球极地海洋中漂浮的冰山。

▼　欧罗巴表面的斑点

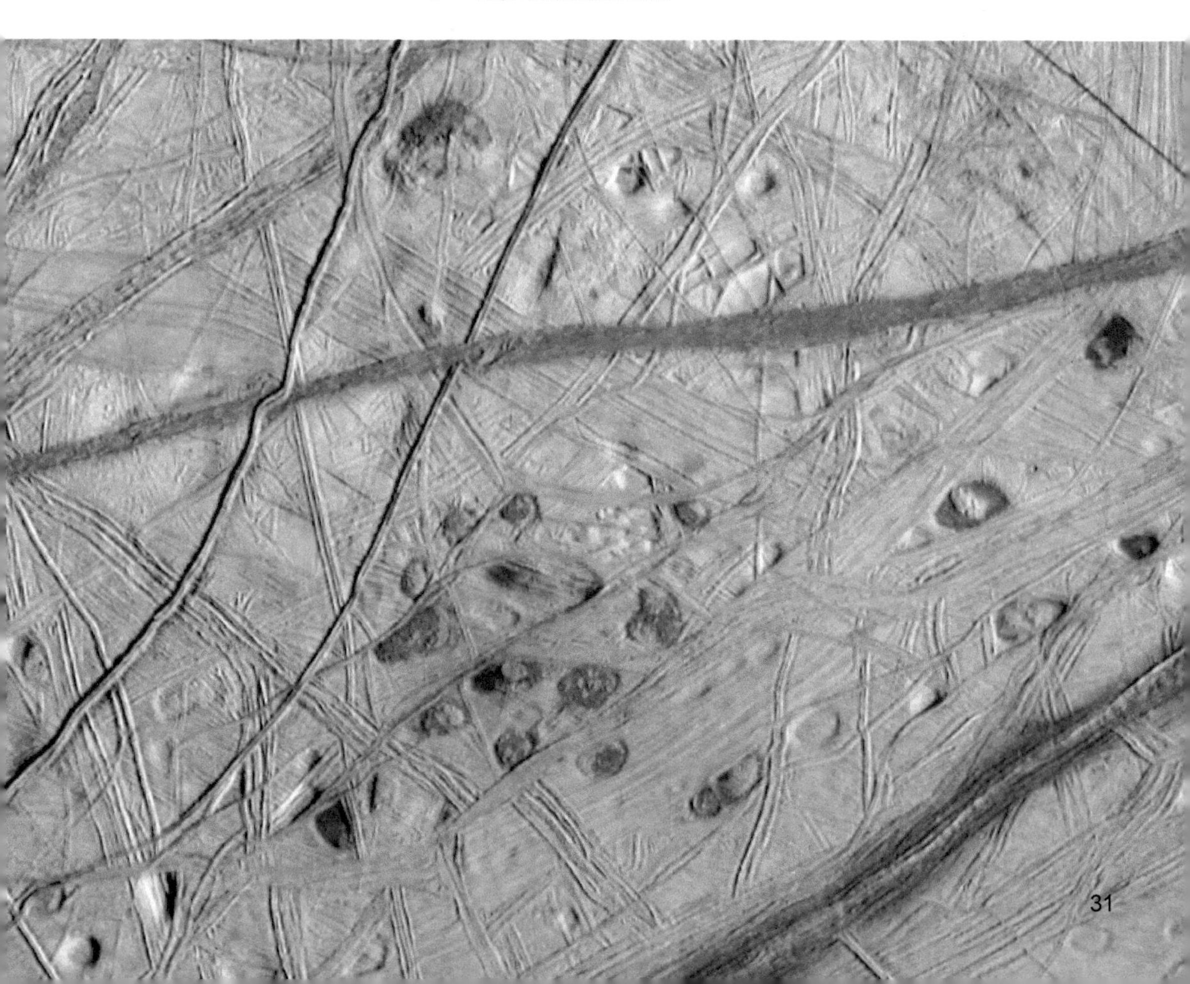

欧罗巴的表面特征与地下海洋有关系吗?

根据欧罗巴的表面特征，我们可以认为它的某些特征是与地下海洋有关系的。一些温暖和相对活动的冰物质或液体水被挤压到表面后，就形成了脊。在过去，表面沿着某些裂口和脊背拉开，使得大片暖冰物质上涌进入新的缝隙，产生带状结构。另一种被称为“混沌”的特征结构，可能也是由于暖的冰块或水在冰壳中向上迁移，逐渐使表面破裂而形成的。

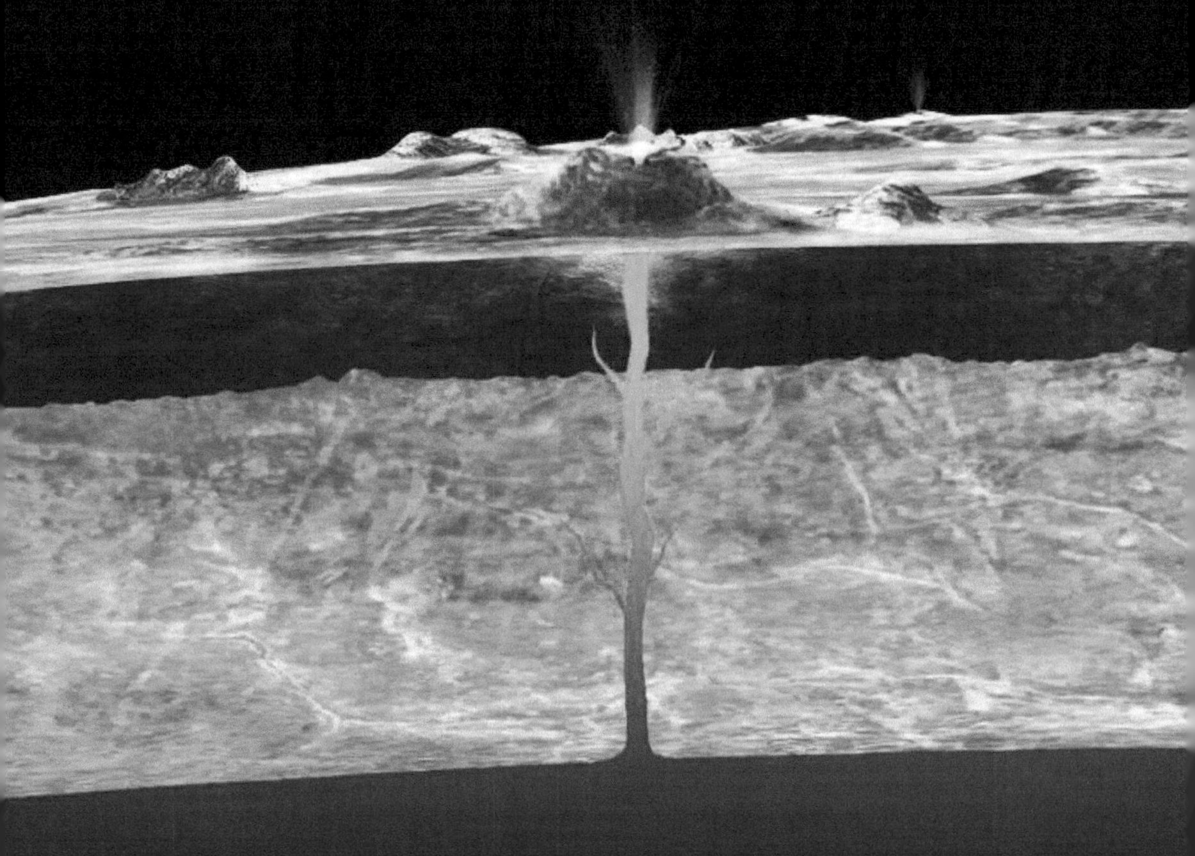

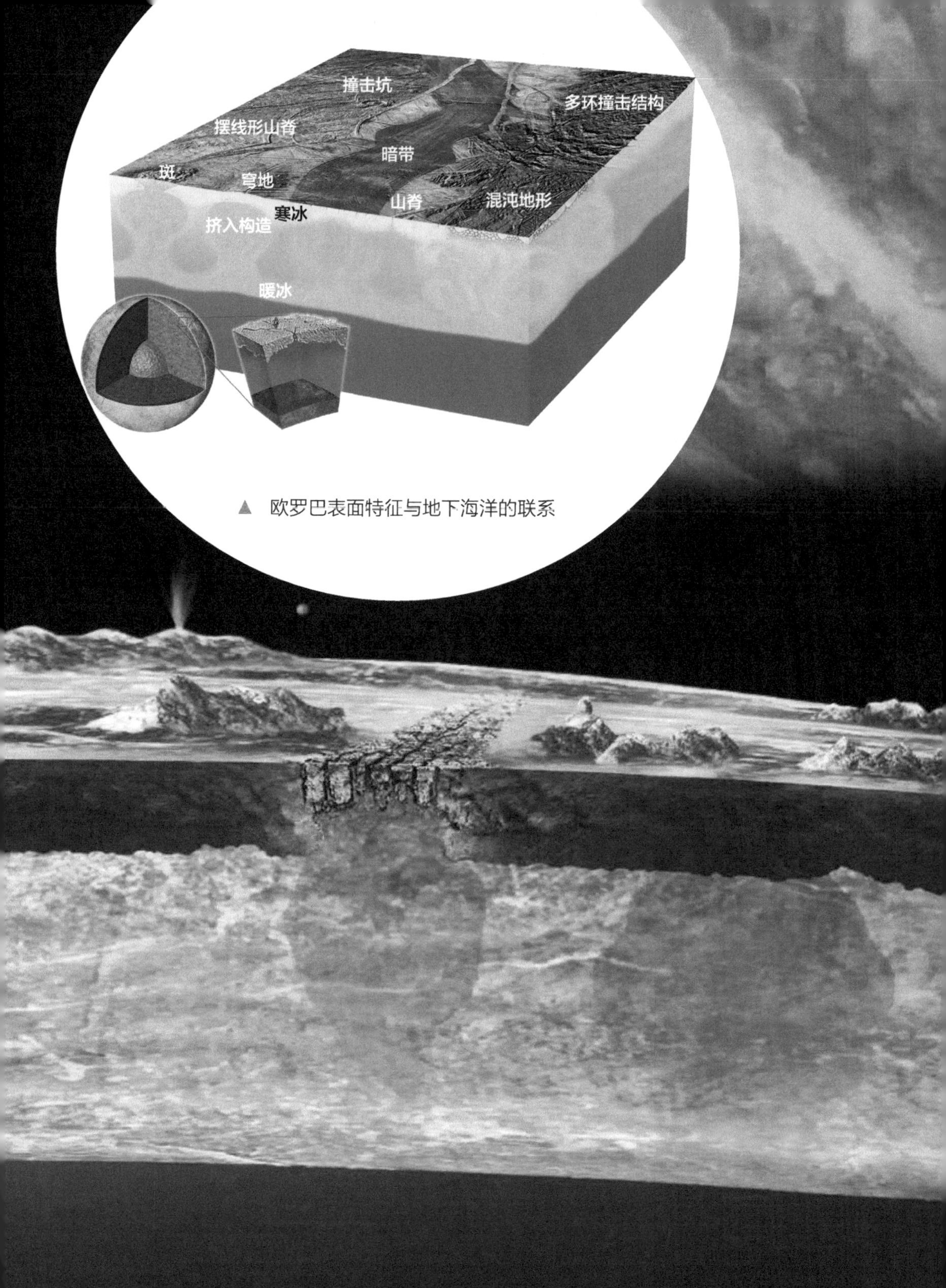

▲ 欧罗巴表面特征与地下海洋的联系

▲ 地下海洋海水活动与表面特征的关系

什么原因导致欧罗巴表面颜色和亮度不同?

欧罗巴表面大多数物质是由水冰构成的，沿着裂缝和一些区域之间也有暗红色的物质，这类区域的表面变形了，如混沌区域。这种暗红色的物质伴随着含盐的物质。虽然含盐物质本身是无颜色的，但有时混有暗红色的物质，也许是硫黄。这种物质也许是来自表面以下，也许来自海洋或冰中含盐物质的矿穴，在辐射作用下变红。随着时间的演变，欧罗巴表面会变亮，原因可能是辐射作用或是雾的沉积。

为什么说欧罗巴冰壳下有液体海洋?

目前推测欧罗巴冰壳下有液体海洋，主要有三方面的根据：

第一是根据欧罗巴的一些表面特征，如带状结构、山脊，以及多环撞击坑等。根据这些结构，可以判断在欧罗巴表面下相对浅的深度有温暖的、可移动的冰，这些冰有时甚至到达表面。海洋的存在使得欧罗巴冻结的表面在潮汐力作用下折曲、破裂得更严重，在表面能产生部分融化的溶蚀坑。

第二是根据伽利略号探测器获得的磁场测量数据。伽利略号探测器探测到接近于欧罗巴表面的磁场，这些磁场数据清楚地显示，欧罗巴上空的磁场受到扰动，说明在其表面一定深度下应当有一个特殊的磁场，这个磁场应当是导电的流体产生的。根据欧罗巴冰的成分，科学家认为产生这个附加磁场的物质最像全球含盐的海洋。

第三是根据伽利略号探测器获得的大尺度断裂带图形判断，欧罗巴的表面有相对于内部的“滑动”。如果表面下有海洋存在，则很容易解释这种滑动。

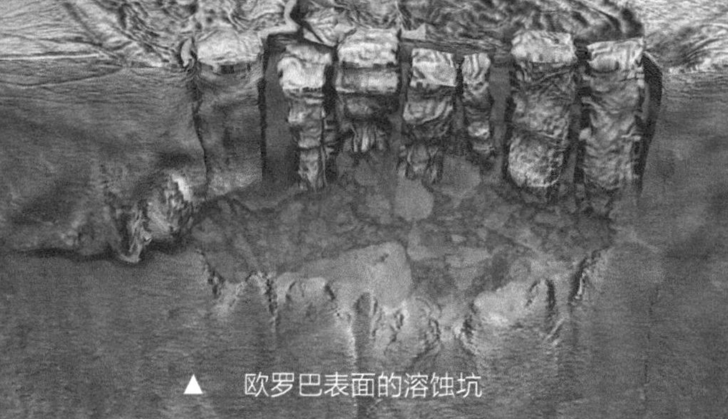

▲　欧罗巴表面的溶蚀坑

欧罗巴的冰壳有多厚?

计算结果表明，欧罗巴的冰壳为 15 ~ 25 千米厚，下面的海洋为 60 ~ 150 千米深。这种计算的依据来自对欧罗巴表面坑、山丘和斑点的观测结果。这些表面特征的大小和间隔表明，它们是由于冰壳之间的传递形成的，而理论研究结果表明，那样的传递只有在壳厚大于 15 千米时才能发生。测量的山丘高达 1 千米，这也表明冰壳必须相当厚才能维持如此之高的山丘。

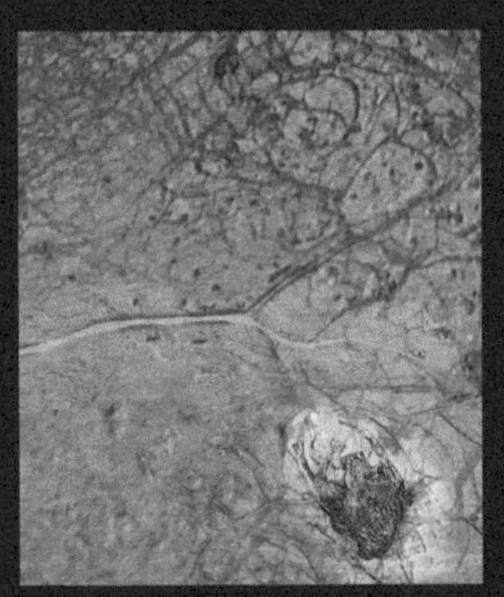

▲ 立体湖上面隆起的冰壳

根据对伽利略探测数据的深入分析，在欧罗巴表面一些特殊的地面下，可能存在较大的湖泊。左图给出的就是这种地形，图中彩色区域是隆起区域，红色的地方地势最高，其下的冰壳中可能存在一个液体湖。水－冰相互作用和解冻都会使上面的地形发生变化。

欧罗巴地下海洋可能是什么样的？

欧罗巴表面下的海洋可能有两种结构：薄冰层结构和厚冰层结构。在这两种情况中，发生在欧罗巴岩石幔的火山活动，将热量向上释放。如果来自底部的热量大，冰壳就是薄的，冰壳可能直接融化，在欧罗巴表面产生一种称为“混沌”的地形，这些区域是破裂的、倾斜的冰块。另外，如果冰壳足够厚，较少的内部热量被输送到壳的底部以温暖冰壳。温暖的冰壳将缓慢上升，这种缓慢而稳定的运动也可能使表面极冷的脆冰破裂。不管是哪种情况，海洋的底部都可能有热量向上传输。

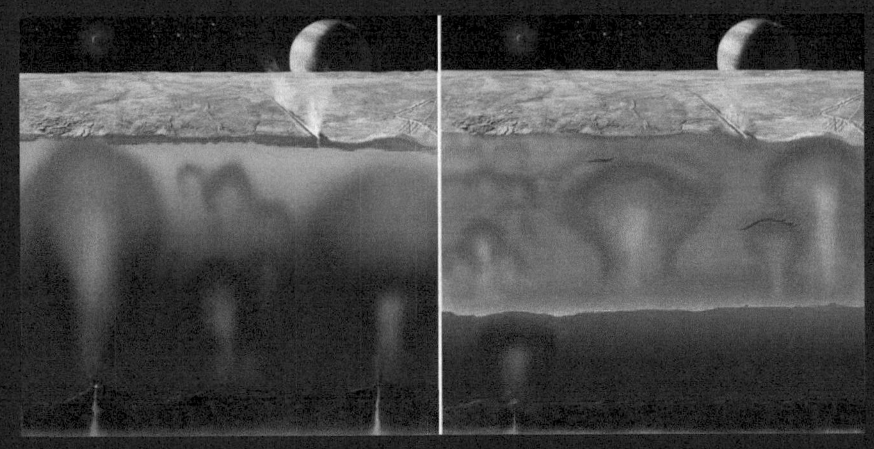

▲ 薄冰层结构　　▲ 厚冰层结构

▲ 欧罗巴南极羽烟示意图

欧罗巴喷发的羽烟是什么样的？

2012 年 12 月，哈勃空间望远镜观测到欧罗巴的南极表面喷发出水蒸气羽烟，喷发高度达 200 千米。目前我们还不知道喷发的羽烟是否与地下海洋有联系，但它为支持欧罗巴存在生命又提供了新证据。

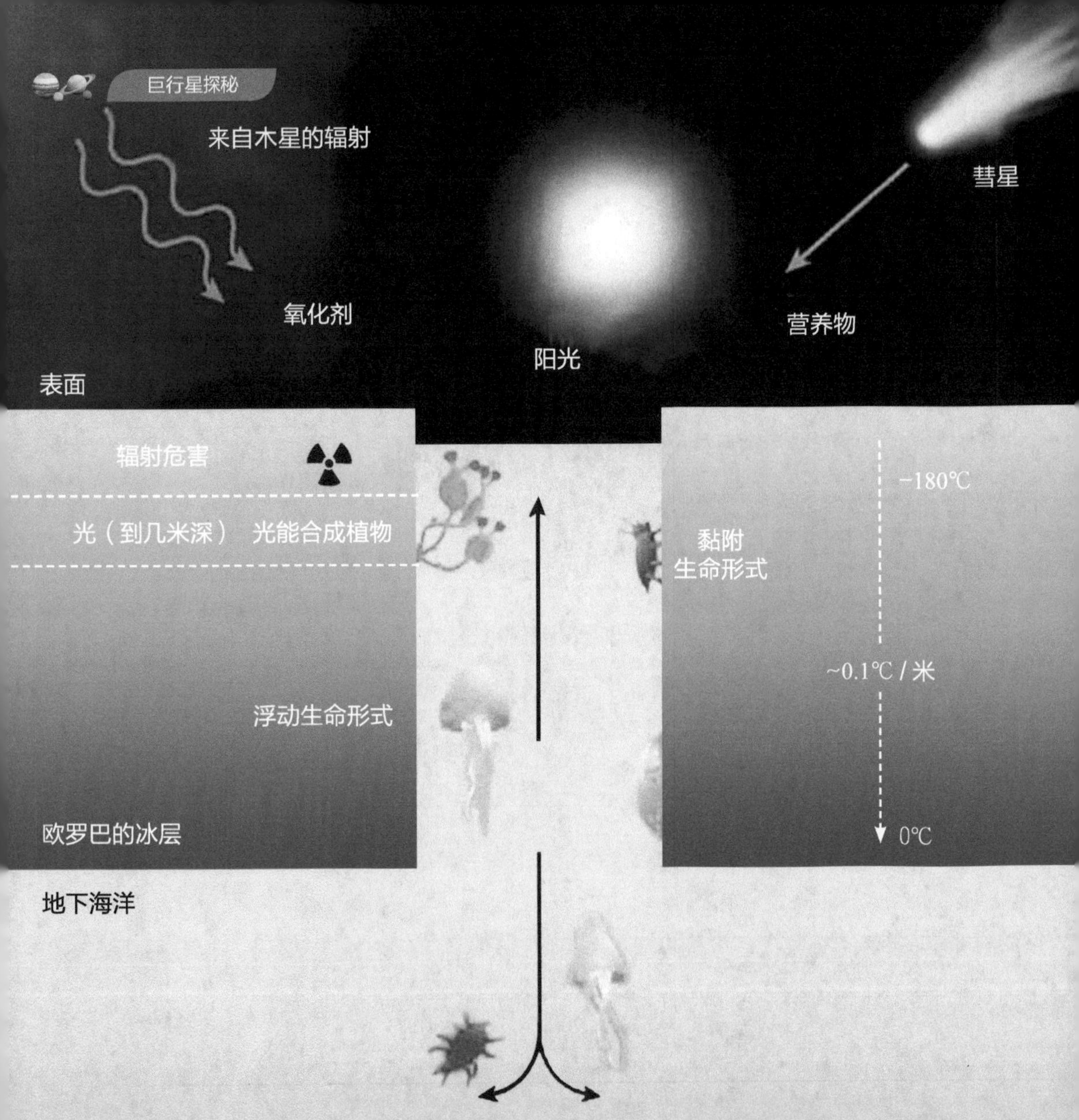

▲ 这是欧罗巴海洋存在生命的条件，彗星撞击带来营养物，光可以穿进海洋几米深，在海洋内部可产生黏附形式和浮动形式的生命。

欧罗巴海洋中有生命吗？

如果真像上文描述的，欧罗巴表面下有液体海洋，那自然就会提出一个问题，欧罗巴海洋中有生命吗？

水是维持生命存在的重要条件，但不是唯一条件。除了液体水之外，维持生命存在还需要合适的能量、必要的元素，以及合适而稳定的环境。那我们看看欧罗巴是否具备这些条件。

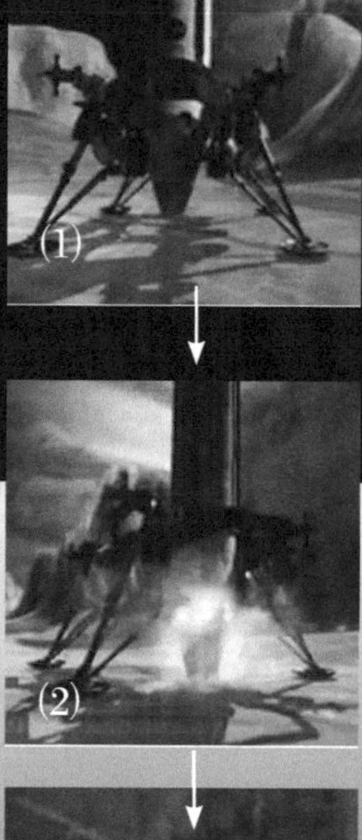

欧罗巴在木星的潮汐力作用下，底部可能存在热源，甚至可能在其冰壳的下面深处隐藏着温暖的热喷口，像地球海洋深处的黑烟囱那样。这些热喷口，既可以提供热量，还可以提供丰富的元素。因此，欧罗巴海洋中存在生命的可能性是很大的。

1977 年，科学家在地球最不适合居住的地方——加拉帕格斯裂谷以下几千米的地方发现两种蠕虫，它们生活在水里高温喷口附近，那里完全黑暗。高压、高温和黑暗这些极端条件也没能阻止它们的生存繁衍。这极大地鼓舞了人类：如果能在木卫二地核附近发现能够喷出热和养分的喷口，那么欧罗巴就可能孵育生物，尽管其生命形式可能是全新的，也可能已经存在于地球，只是不为人类所知。

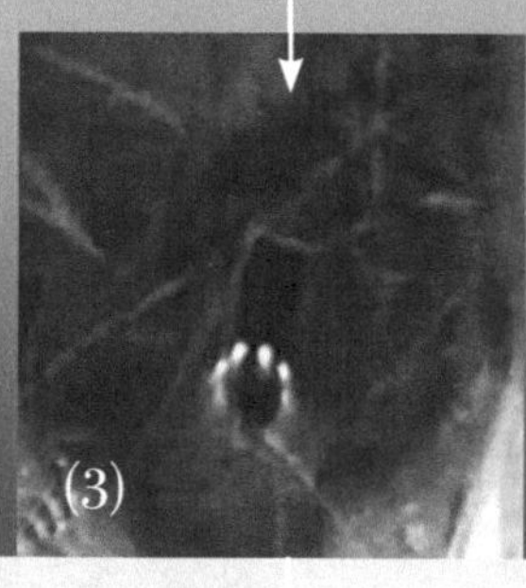

怎样直接探索欧罗巴海洋？

为了确定欧罗巴海洋中是否存在生命，必须发射专门的探测器，穿透冰层，直接探测欧罗巴海洋。

目前，美国国家航空航天局已经提出了一些设想，在 2037 年左右向欧罗巴发射一个探测器。探测器在欧罗巴表面着陆后，对表面冰层进行钻探，打出一个大洞，然后释放潜水艇，它将顺着洞进入海洋深处，对欧罗巴海洋进行直接探测。

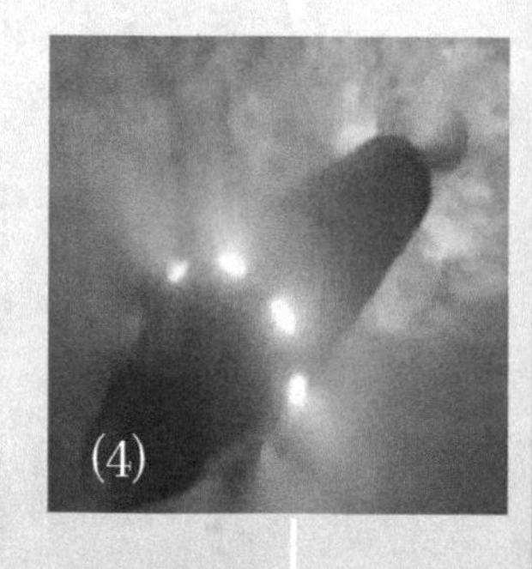

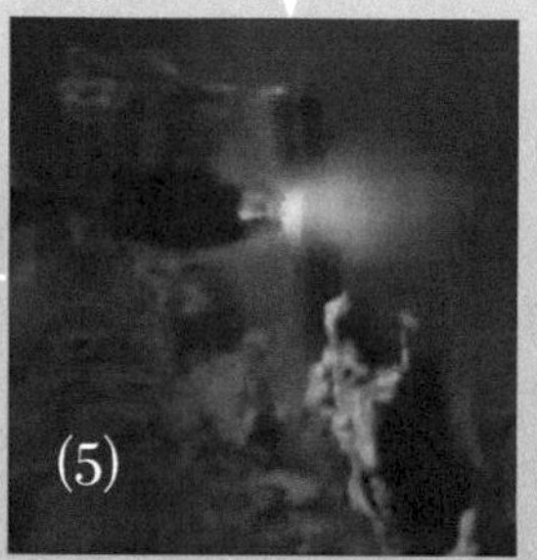

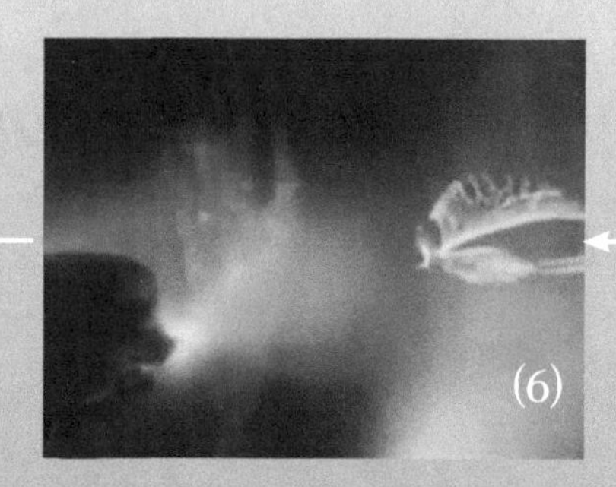

(1) 在欧罗巴表面着陆；
(2) 开始破冰；
(3) 穿进冰层
(4) 进入海洋；
(5) 进行探索；
(6) 发现海洋生物。

太阳系最大的卫星有哪些特征?

太阳系最大的卫星是木卫三（盖尼米德），直径为5268千米，体积比水星大8%，但质量仅是水星的45%。盖尼米德有四个最主要的特征：

● 盖尼米德主要由硅酸盐岩石和冰体构成，且星体分层明显。在表面之下 200 千米处存在一个夹在两层冰体之间的咸水海洋。

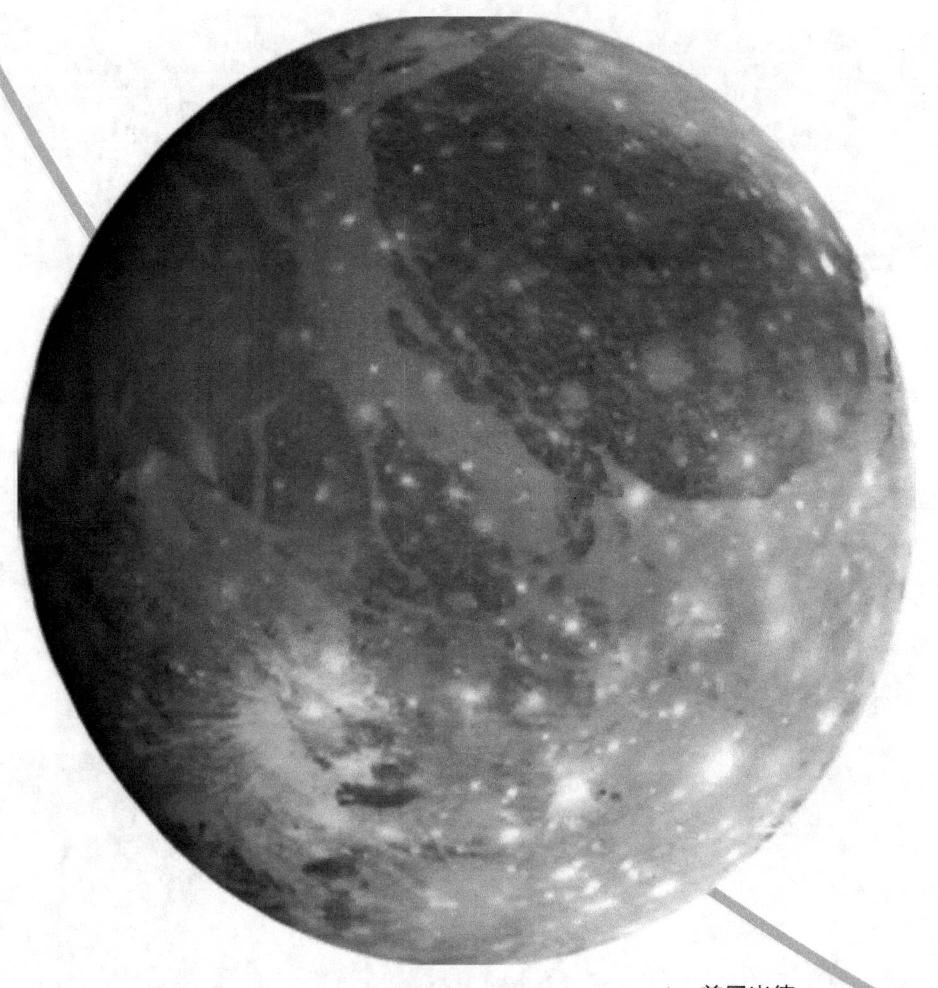

▲ 盖尼米德

● 盖尼米德是太阳系中已知的唯一一颗拥有磁层的卫星，其富铁的流动内核因做对流运动而产生磁场。

● 盖尼米德还拥有一层稀薄的含氧大气层，其中氧以原子、分子（氧气和臭氧）形式存在，是否拥有电离层还尚未确定。

● 表面存在两种主要地形：较暗地区和较为明亮地区。较暗地区约占盖尼米德总面积的三分之一，密布着撞击坑，地质年龄据推测为 40 亿年。其余是较为明亮地区，大量槽沟和山脊纵横交错，其地质年龄较前者稍小，明亮地区的破碎地质构造成因至今仍是一个谜，有可能是潮汐热所引起的构造活动造成的。

盖尼米德的磁场

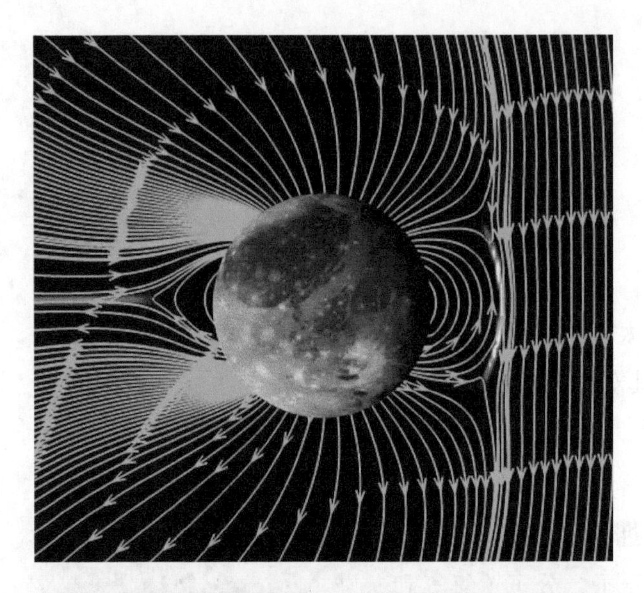

盖尼米德的表面特征

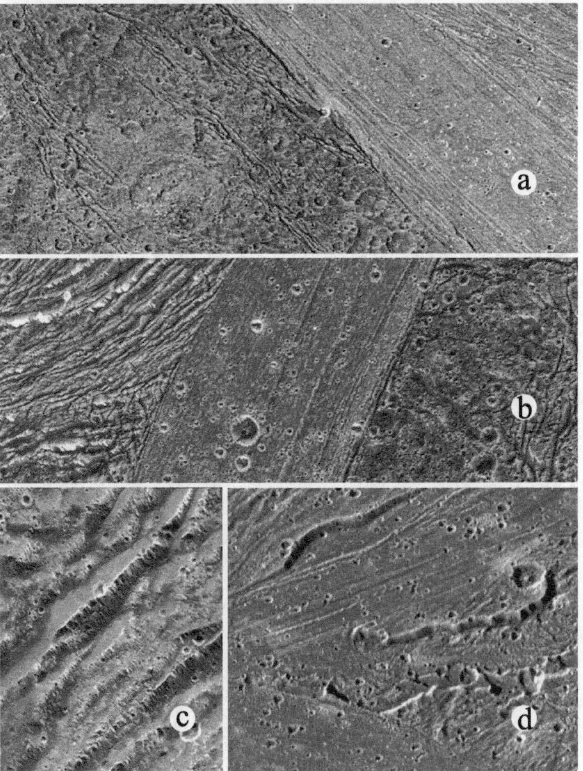

a.亮暗地形的边界：左边是暗淡区，右边是较明亮区。

b.具有混合地形的区域：右边是相对古老的地形，陨石坑较多。左边是沟槽区。较明亮的区域跨越图的中间。

c.典型的暗区。

d.中间有一个不规则的坑，坑中暗淡弯曲的脊表示表面的流动褶皱作用。

尼米德的“梅花三明治”结构是什么样的?

据推断，盖尼米德的内部结构是“梅花三明治”式的结构。

其冰壳的下面有很大的海洋，其体积为地球海洋体积的 25 倍。海洋和冰是多层叠加的形式，像是梅花三明治。

冰的形式与压力有关，冰壳 1 是最疏松的冰；当压力增大时，冰分子更紧密地压在一起，冰变得稠密。由于盖尼米德的海洋深达 800 千米，内部的压力要比地球的海洋大得多。最深、最稠密的冰壳为冰壳 7。

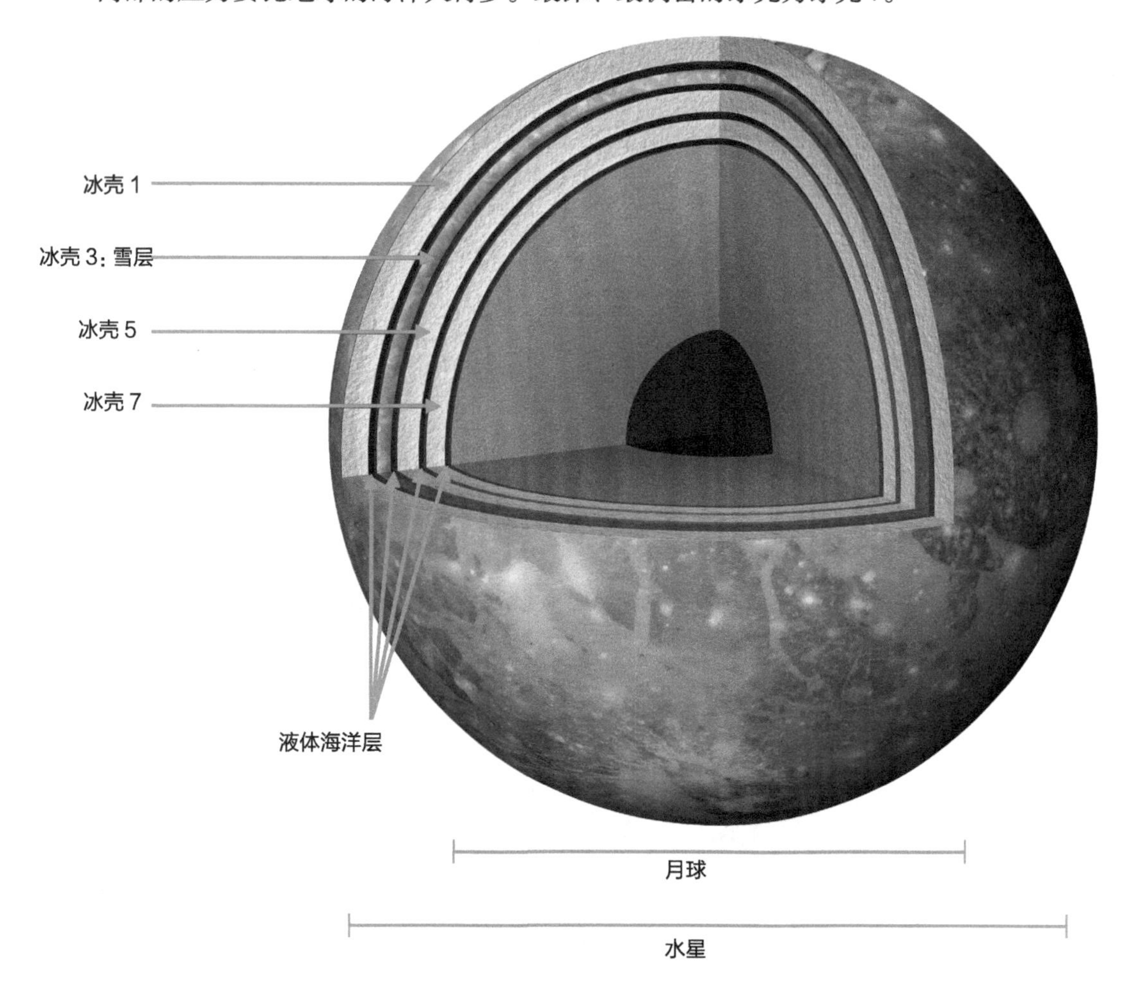

▲ 盖尼米德的“梅花三明治”结构

木卫四有什么特点?

木卫四也称卡里斯托，在伽利略发现的卫星中距木星最远。木卫四比水星稍微小一些，质量只有水星的三分之一。

木卫四的特点如下：

● 内部可能存在一个较小的硅酸盐内核；

● 表面下 100 千米处可能存在一个液态水构成的地下海洋；

● 表面物质包括冰、二氧化碳、硅酸盐和各种有机物；

● 地表饱经沧桑，布满“痘痕”；

● 表面都是十分古老的环形山，在太阳系星体中，它的表面古老环形山最多。

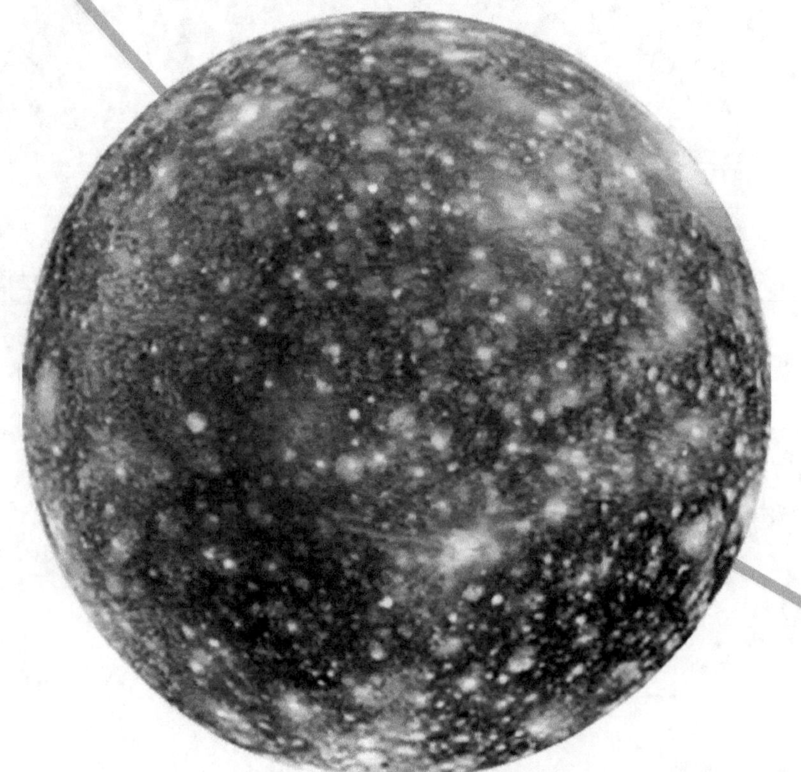

▲ 木卫四

在漫长的 40 亿年中，除偶然的撞击之外，木卫四的表面只有很小的变动。较大的一些环形山周围围绕着一串同心环，就像裂痕一般，其中最大的一个被称作 Valhalla，直径约 3000 千米。不过经过冰的缓慢运动，它们已经变平滑了不少。

木卫四的另一个奇特的地形现象是一条陨石坑的链，指的是一系列由撞击产生的陨石坑排列在一条直线上。这可能是由于一个物体在接近木星时受引力作用而断裂（与苏梅克－列维 9 号彗星极相似），然后撞向木卫四引起的。

▼ Valhalla 环形山

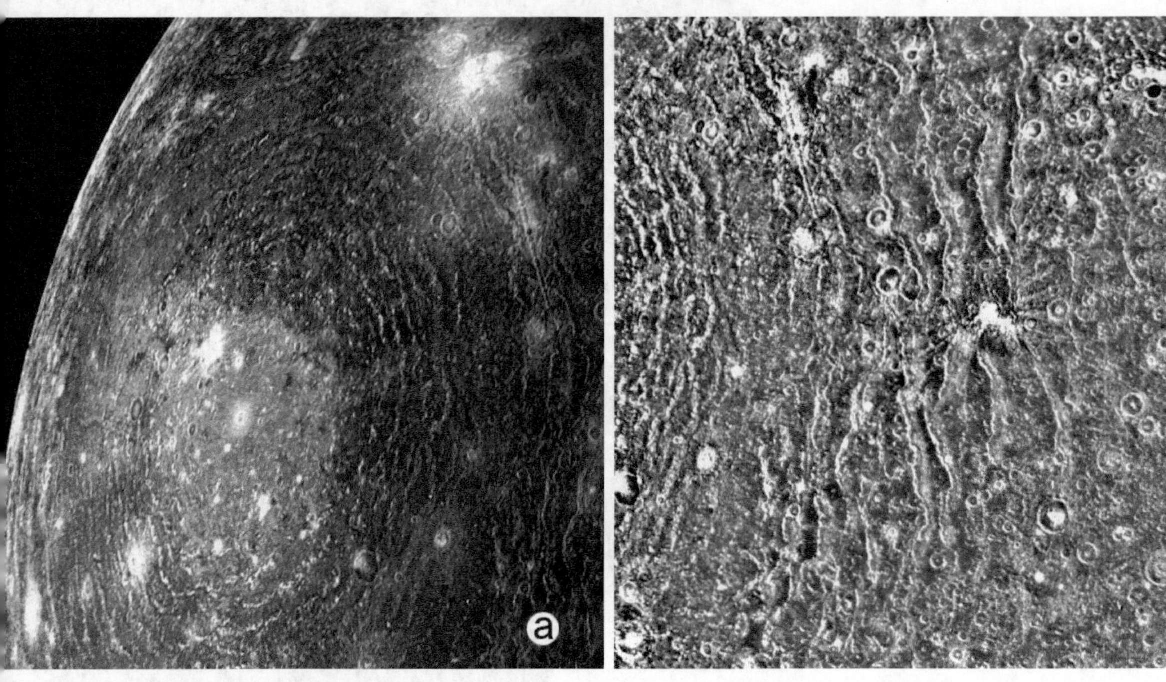

a. 远处看多环特征

b. 靠近看中心环

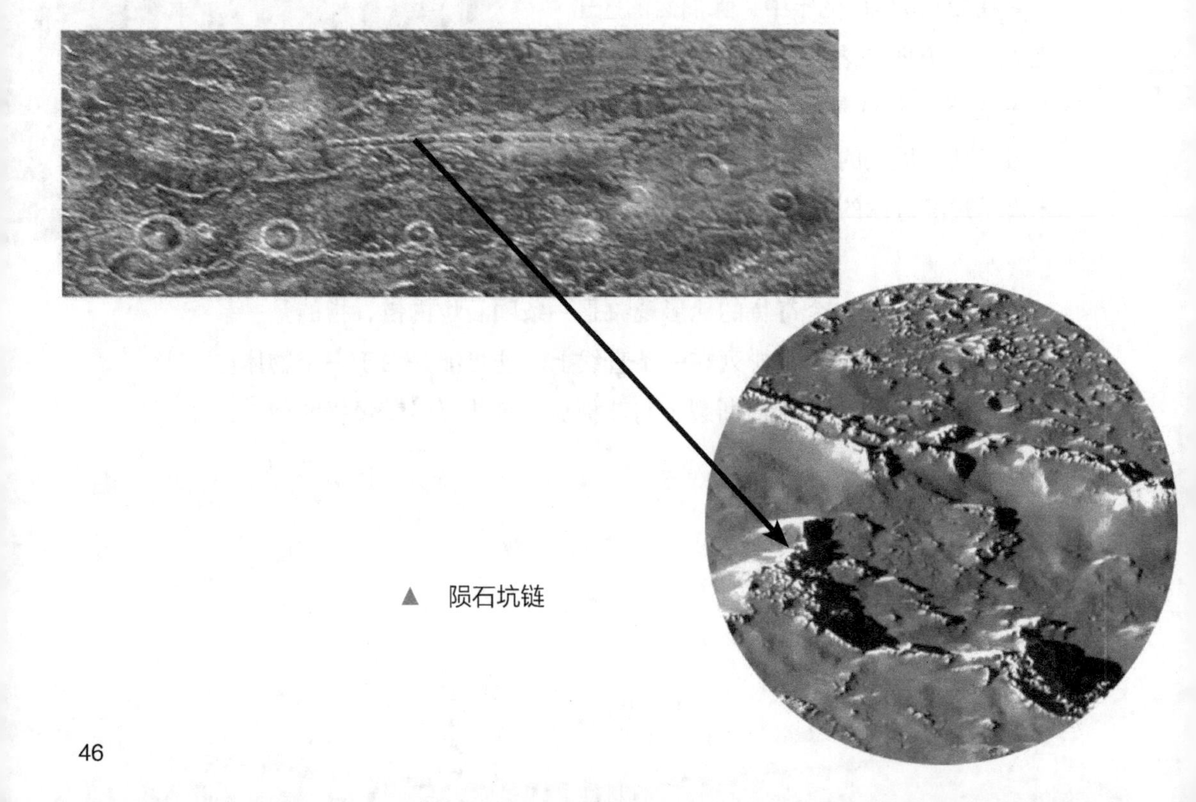

▲ 陨石坑链

人类对木星进行了哪些探测活动？

这里所说的木星探测是指人类向木星发射探测器，对木星进行飞越或环绕等方式的探测活动。先驱者 10 号探测器在 1973 年 12 月飞越木星，这是人类首次对木星进行的探测活动。随后几个月是先驱者 11 号。旅行者 1 号和旅行者 2 号探测器于 1979 年飞越了木星，研究卫星和木星环系统，发现了木卫一的火山活动和木卫二表面上的水冰的存在。主要目的是探测太阳的尤里赛斯号探测器在 1992 年研究了木星的磁层。伽利略号探测器则是直到目前为止唯一进入环绕木星轨道的探测器，于 1995 年抵达木星，对木星系统的探测持续到 2003 年。在此期间，伽利略号收集了大量有关木星卫星系统的信息。卡西尼号探测器于 2000 年飞越木星，拍摄到了非常详细的关于木星大气层的图像。新视野号探测器在 2007 年飞越木星，提高了关于木星及其卫星的一些参数的测量精度。

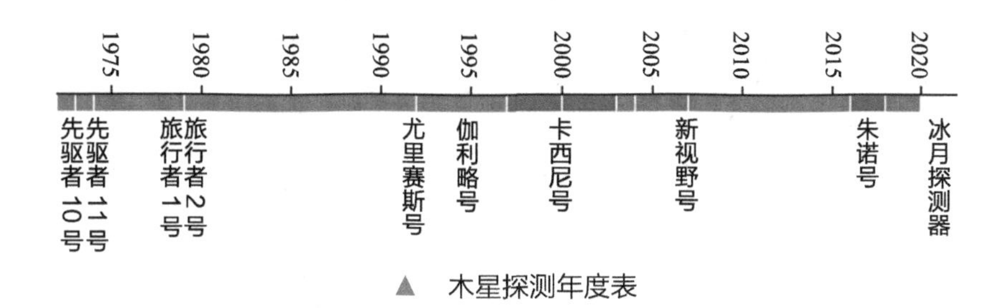

▲　木星探测年度表

为什么到达木星需要那么长的时间？

到达木星需要探测器具有 39 千米 / 秒的速度，为了使探测器获得预定速度而又节省燃料，通常利用引力助推作用。所谓引力助推，是利用行星或其他天体的相对运动和引力改变飞行器的轨道和速度，以此来节省燃料、时间和整个任务的成本。引力助推既可用于加速飞行器，也能用于降低飞行器速度，还可以改变飞行器运动的方向。

为了获得更大的引力助推效果，需要飞行器多次飞越行星。例如，探测木星的伽利略号探测器就采用了名为 VEEGA（Venus-Earth-Earth Gravity Assist）轨道，它在飞往木星的途中，要 1 次飞越金星，2 次飞越地球，这就使得整个飞行时间增加了许多。伽利略号探测器于 1989 年 10 月 18 日发射，1995 年 12 月才到达木星。

飞越金星时，探测器由金星的引力助推获得的日心速度增量是 2.3 千米 / 秒。第一次地球引力助推飞越使其日心速度从 30.1 千米 / 秒增加到 35.3 千米 / 秒。第二次地球引力助推将日心速度由 35.3 千米 / 秒增加到 39.0 千米 / 秒。此时，探测器具有了到达木星所要求的速度。

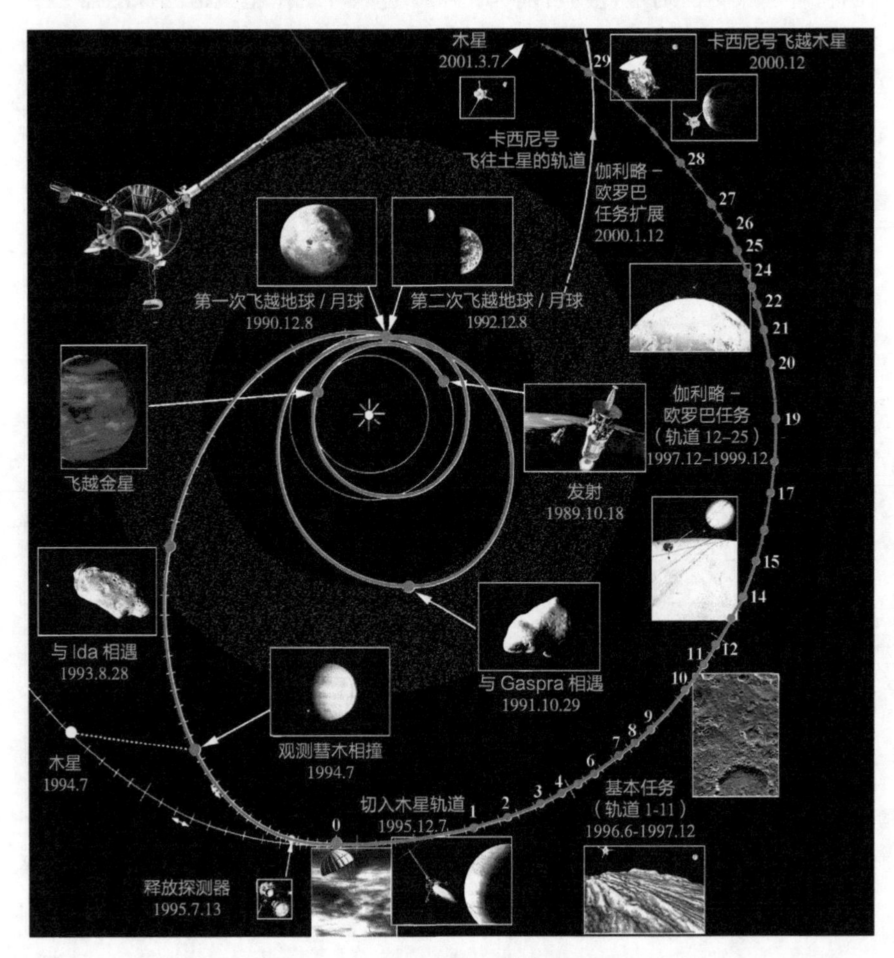

▲ 伽利略完成的探测任务

伽利略号探测器开展了哪些探测活动？

伽利略号探测器可以说是一路紧着忙活。1993 年 8 月 28 日与小行星 Ida 相遇，对其进行了探测，获得了它的近距离图像。1994 年 7 月，伽利略号探测器目睹了彗木相撞的奇观，获得了珍贵的图片资料。1995 年 7 月 13 日，伽利略号探测器向木星释放的大气层探测器，是第一个进入木星大气层内部的人类探测器。1995 年 12 月 7 日，伽利略号探测器切入木星轨道，正式开始了木星系统之旅。在观测木星的同时，伽利略号探测器多次飞越木卫一、木卫二、木卫三和木卫四，获得了木星系统的丰富资料。

大气层探测器遇到了什么样的严酷环境？

大气层探测器进入木星大气层，要经受 230 个重力加速度的过载，探测器 152 千克的热屏蔽在进入时损失了 80 千克。当探测器下落到距

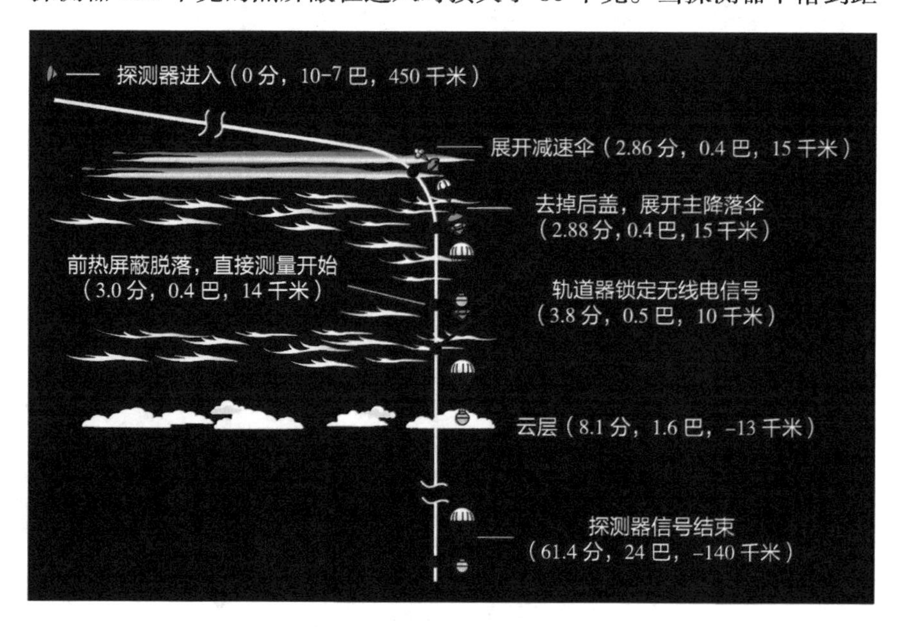

▲ 大气层探测器降落过程

木星大气层顶层156千米深度时，收集到58分钟的局地天气数据。当周围的压强达到23标准大气压、温度达到153° C时停止了发送数据。探测器由锂/二氧化硫电池供电，标称输出功率为580瓦。

伽利略号探测器

▼　伽利略号探测器释放大气探测器示意图

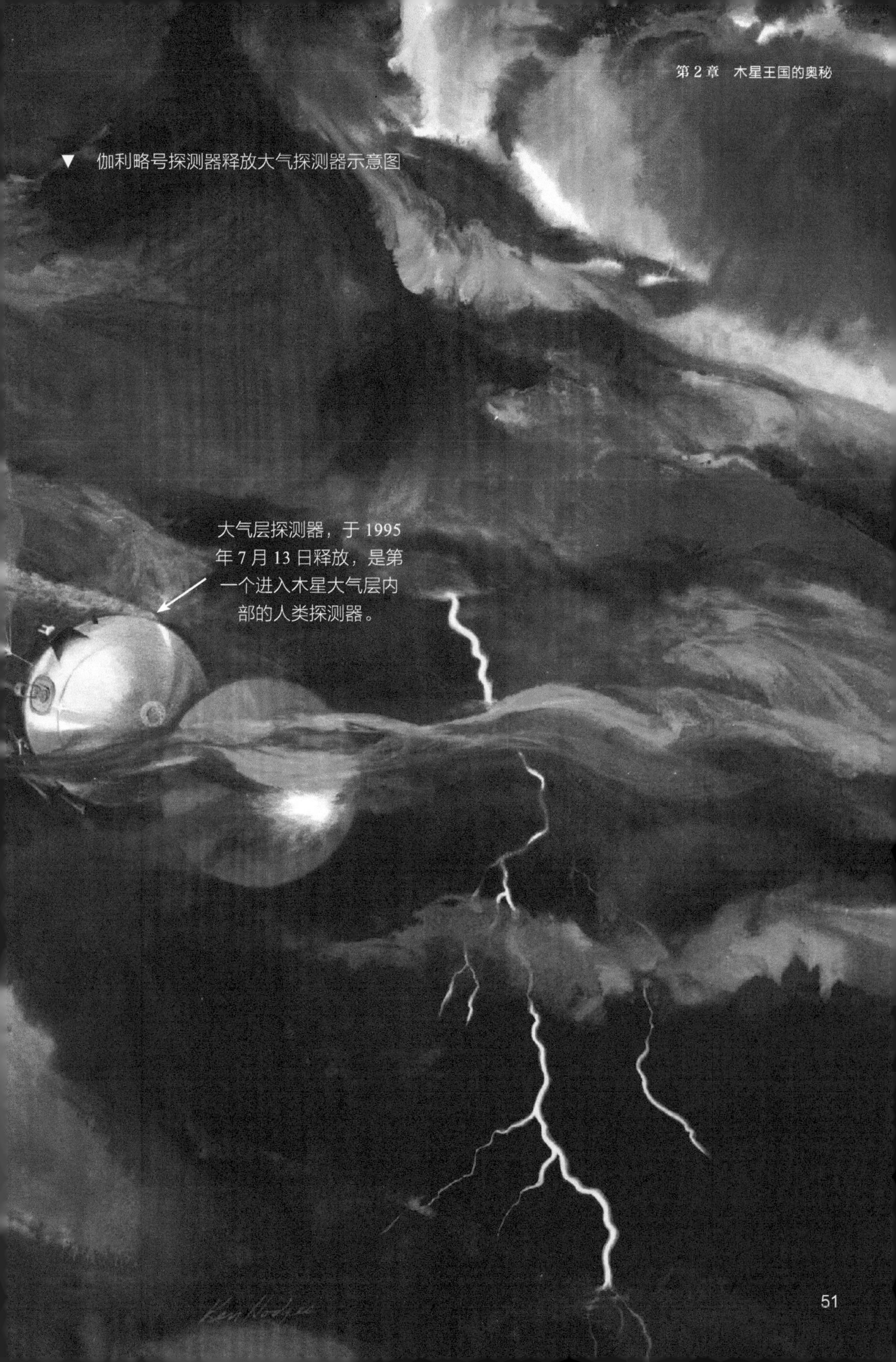

大气层探测器，于 1995 年 7 月 13 日释放，是第一个进入木星大气层内部的人类探测器。

伽利略号探测器有哪些重要发现？

伽利略号探测器取得了十大科学发现：

● 测量了大气成分，发现其元素相对丰度与太阳不同，这表明木星从太阳系原始星云中形成后的演化过程。

● 第一次观测到地球之外行星大气层中的氨云。木星大气似乎是把来自更低层大气中的物质凝结成氨的晶体颗粒。

● 发现木卫一上广泛存在着火山活动，其强度甚至超过地球火山活动的 100 倍。火山爆发的热量以及频率是早期地球情况的再现。

● 木卫二大气层中复杂的等离子区支持了电流的形成及其与木星大气层的耦合。

● 有证据表明木卫二地表冰层的下面存在液体海洋。

● 木卫三是太阳系中第一个被证实拥有磁层的卫星。

● 伽利略号的磁探测数据提供了一个证据，证明木卫二、木卫三、木卫四内部都拥有液态咸水层。

● 伽利略号的磁探测数据提供了木卫二、木卫三、木卫四都存在一个很薄的逃逸层的证据。

● 木星的光环系统形成于行星际空间灰尘的积累，这些灰尘是流星体不断撞击四颗靠内侧的小卫星而形成的。最外的环实际上是两个，一个包含在另一个中。

● 伽利略号作为第一个在大行星磁层中长期逗留的飞行器，分析了木星磁层的整体结构并研究了其动力学。

伽利略号探测器有哪 5 项世界第一？

- 第一个飞经小行星（Gaspra 和 Ida）并获得其图像的飞行器；
- 第一个发现小行星卫星（Ida 的卫星 Dactyl）的飞行器；
- 对苏梅克－列维 9 号彗星撞击木星进行了直接观测；
- 第一个向地球外侧行星大气层中发射探测器的飞行器，其探测器测量了木星大气的组成和结构，提供了木星及其他恒星系统中类木行星起源之谜的线索；
- 第一个进入地球外侧行星轨道并绕其飞行的飞行器。

伽利略号探测器最后为什么会撞击木星？

2003 年，伽利略号探测器的燃料和动力耗尽，长达 14 年的旅程就此结束。为了确保木卫二不会被失控的探测器上满载的地球细菌所污染，伽利略号在燃料耗尽之前，被安排撞向木星，它于 2003 年 9 月 21 日以每秒 50 千米的速度坠落木星大气层。

伽利略号探测器拍摄的十佳图片是什么？

伽利略号探测器获得了木星系统的大量图片，这些图片极大地加深了人类对木星系统的认识。NASA 太阳系探索网站评选出了伽利略号探测器拍摄的十佳图片，这些图片首次揭示了木星及其卫星的奥秘。

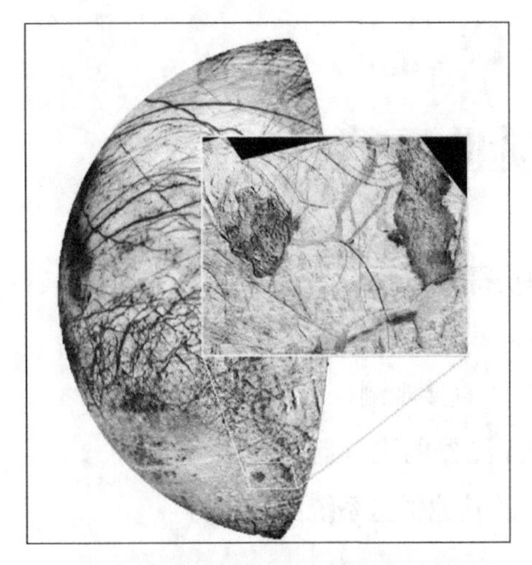

◄ 锡拉和色雷斯暗斑。欧罗巴上的暗斑一般以希腊神话中的地名命名，其中又多以卡德摩斯寻找欧罗巴时经过的地方命名。锡拉（Thera）和色雷斯（Thrace）是欧罗巴上的两个淡红色暗斑。锡拉（左）的大小约为 70 千米 ×80 千米，色雷斯（右）更大。

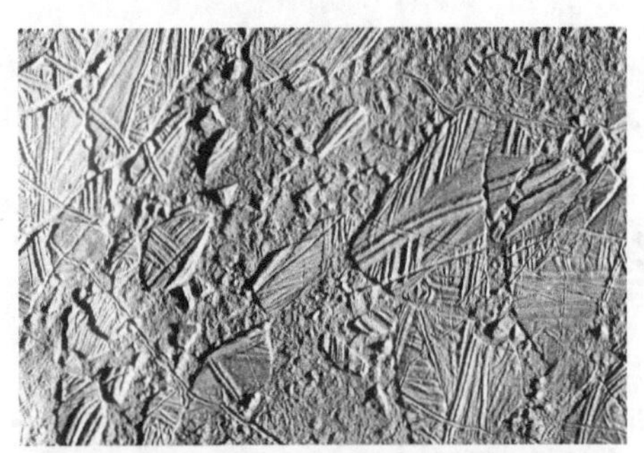

◄ 康纳马拉混沌。木卫二表面的混沌地形被命名为康纳马拉混沌（Conamara Chaos），它是由于木卫二表面冰外壳遭到挤压等扰动而造成的，常被当成木卫二的冰外壳下有海洋的证据。

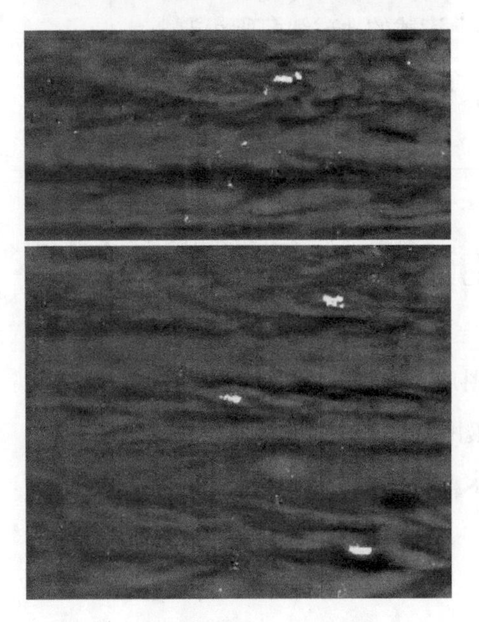

◄ 木星闪电和云层。左图为伽利略号探测器在木星上观测到的闪电，两幅图拍摄的时间相距 75 分钟。上图亮的闪电出现在两个纬度，下图出现在三个纬度。

▲ 艾达小行星与它的卫星。艾达小行星（小行星 243 Ida）是一颗主带小行星。伽利略号探测器曾于 1993 年 8 月 28 日接近艾达小行星，由此艾达小行星成为第二颗有太空探测器接近的小行星，也是人类发现的第一颗拥有卫星的小行星。艾达小行星的形状为不规则的、长轴与短轴相差很大的椭圆形，明显由两大部分连接而成。其上遍布不同大小及年龄的陨石坑，是太阳系中表面陨石坑最多的星体之一。艾达小行星的卫星命名为 Dacty1，直径只有 1.4 千米，是艾达小行星的 1/20。

▼ 木星大红斑的另一个不同影像。

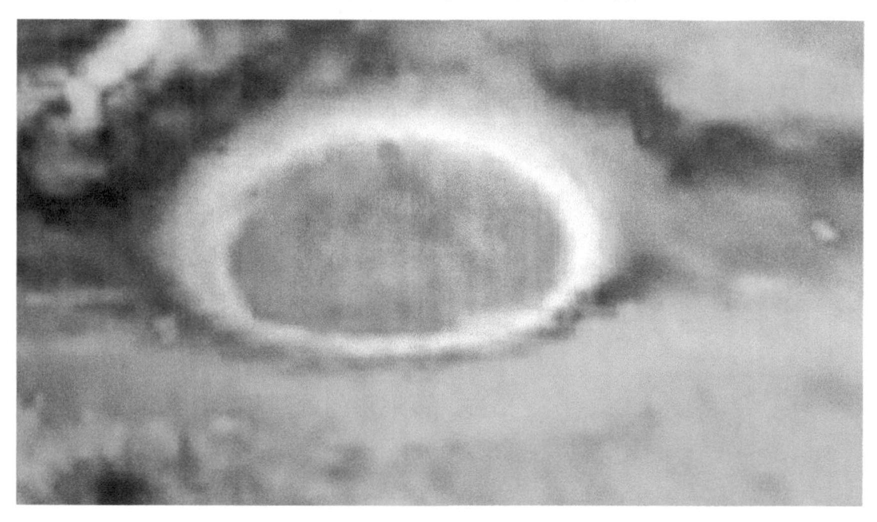

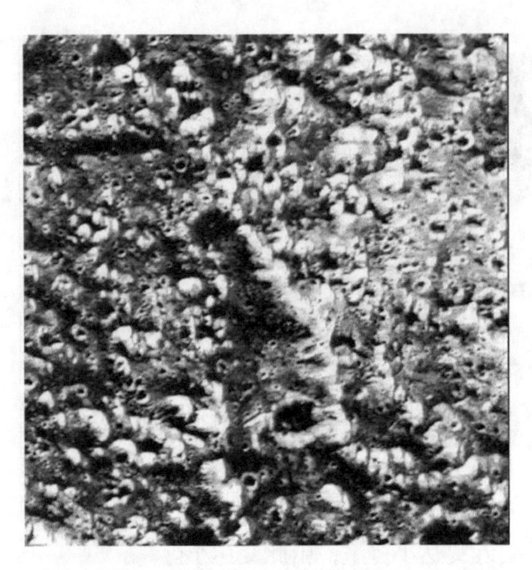

◀ 木卫三上“伽利略区”的古老陨石坑。伽利略区是木卫三上一个较暗的平原。木卫三的暗区遭遇过大规模的陨石轰击，因而密布撞击坑。伽利略区的表面因为板块作用造成分裂而显现较古老的暗色物质，周围被从木卫三内部上升到表面的年代较近的明亮物质包围。

◀ 木卫四的表面特征。木卫四的表面曾经遭受过猛烈撞击，其地质年龄十分古老。由于木卫四上没有任何板块运动、地震或火山喷发等地质活动存在的证据，故天文学家认为其地质特征主要是陨石撞击造成的。木卫四主要的地质特征包括多环结构、各种形态的撞击坑、撞击坑链、悬崖、山脊与沉积地形。天文学家仔细考察后发现，该卫星表面地形多变，包括位于抬升地形顶部、面积较小且明亮的冰体沉积物及环绕其四周、边缘较平缓的地区（由较黑暗的物质来构成）。天文学家认为这种地形是小型地质构造升华导致的，小型撞击坑普遍消失，许多疙瘩地形是遗留下来的痕迹，该地形的确切年龄还未确定。

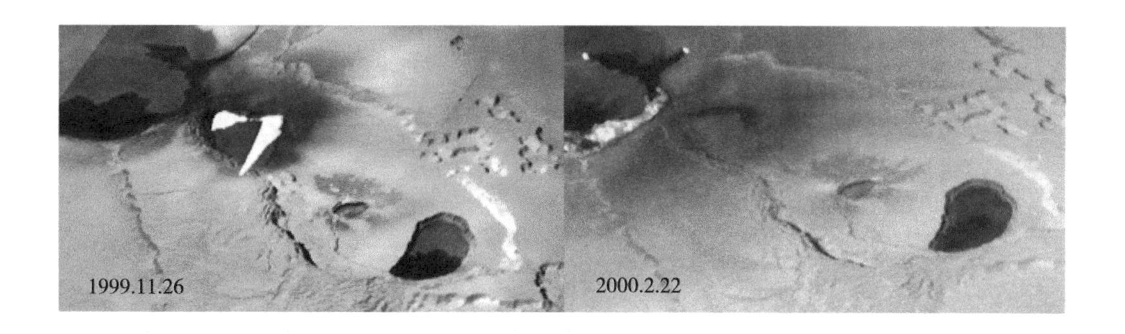

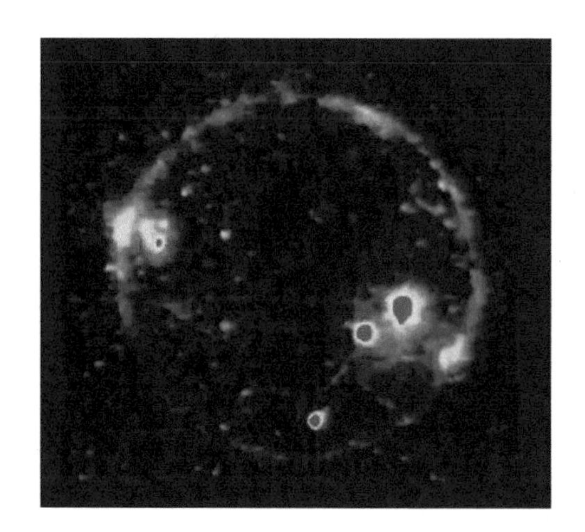

▲ 木卫一的活火山口。1999 年 11 月 26 日拍摄时，火山并没有喷发；但是在 2000 年 2 月 22 日拍摄时，图片清楚地显示了岩浆在向外流，火山在喷发，说明该地区是一个活动的火山口。

◀ 日食（木卫一位于太阳与伽利略号探测器连线的中间）时在木卫一发现的火山喷发。

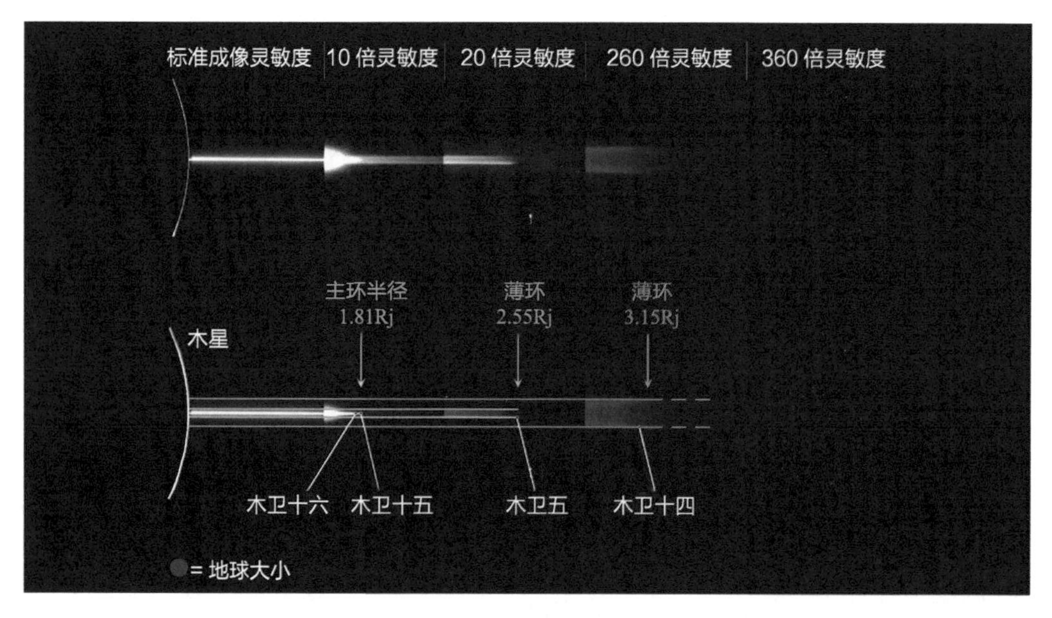

▲ 木星薄环的结构。

朱诺号探测器的使命是什么?

朱诺号是由 NASA 于 2011 年 8 月 5 日发射的木星探测器。其主要任务是研究木星的成分、重力场、磁场及磁层。通过这些测量寻找有关木星起源的线索，包括木星是否有石质核心、大气层中水的含量及其质量分布情况。

朱诺号探测器将延续伽利略号探测器未完的旅程，它的一个重要任务是试图解开木星的形成之谜。朱诺号探测器将深入探测木星内部，确认它的中心是否有固体核心。如果重力测量结果显示木星没有固体核心，那么它就跟太阳一样很早就形成了。如果木星有固体核心，那么它是在固体物质出现后才形成的。通过测量含水量，朱诺号探测器还能测量出木星的形成地点，以及当时太阳系的温度。一些理论表明，木星是被逐渐挤到太阳身边的。如今，我们在银河系的很多地方都发现了类似木星的巨型气态星球。因此，揭开木星的起源之谜尤为重要。

◀ 朱诺号探测器

▶ 木星冰月探测器

木星冰月探测器的目标是什么?

欧洲空间局（ESA）计划探测木星的木卫三、木卫四和木卫二表面是否含有生命存在所需要的液态水体，并由木星冰月探测器（JUICE）执行该任务。2012 年 5 月 2 日，ESA 宣布该计划成为其宇宙远景科学计划的一部分。按照目前计划，将于 2022 年发射该探测器。

木星冰月探测器将主要对木卫三进行探测以获得相关数据，用以评估其支持生命存在的可能性，并将其与木卫二和木卫四进行对比。根据研究，人们认为这三颗卫星上都存在适合生命生存的液态水海洋，因而它们已经成为研究水冰世界生命宜居性的焦点。

针对木卫三，木星冰月探测器的科学目标如下：（1）对可能存在的地下海洋进行探测；（2）研究冰壳的物理学特性、内部质量分布特征及内核的运动和演化；（3）调查其外大气层；（4）研究其磁场及其与木星磁场的相互作用。

针对木卫四，木星冰月探测器的科学目标仅为木卫三的前两项。

针对木卫二，木星冰月探测器的科学目标为着重探测生命所必需的化学条件：有机分子、表面特征的形成、非水冰材料的构成。

另外，木星冰月探测器还将首次进行卫星地下探测，包括第一次获得确定的最近活跃地区的最小冰壳厚度信息等。

彗－木相撞是怎么回事？

1994年发生了人类历史上第一次观测到的天体相撞事件：“苏梅克－列维9号”彗星（以下简称SL9）与木星迎头相撞。1994年7月17日4时15分到22日8时12分的5天多时间内，SL9的20多块碎片接二连三地撞向木星，这相当于在120多个小时中，木星上空不间断地爆炸了20亿颗原子弹，释放出了约40万亿吨TNT烈性炸药爆炸时的能量。这一撞击给木星留下了地球大小的痕迹，世界各地的人们通过天文望远镜看到了木星表面腾起的尘云。

2009年7月19日，这一幕再次上演，在木星大气层中出现一个黑斑，大小如同地球上的太平洋，估计撞击物的大小为200～500米。2010年6月3日，木星又受到撞击。这次撞击事件首先被一位业余天文爱好者发现，并拍摄了木星受撞击后的图片。根据撞击结果分析，此次撞击木星的小天体直径为8～13米。2012年9月10日，木星再次受到撞击，在木星表面形成一个火球，估计这次撞击物的直径为5～10米。

以上几次事件只是人类观测到的少量几次撞击事件。据分析，木星每年要受到几次上述大小天体的撞击。与之形成对比的是，地球每10年才受到一次直径为10米天体的撞击。这个差别的原因是，木星引力强大，从外太阳系飞来的小天体首先被木星的引力场捕获，从而对地球起到了保护作用。

为什么说木星是地球生命的保护神？

木星的引力是十分强大的，凡是从外太阳系进入内太阳系的小天体，都会受到木星引力的作用而改变轨道，或者直接撞击到木星上。因此，木星扮演着太阳系“交警”和太空“吸尘器”的双重角色，如果没有木星“吸尘器”，地球每隔 50 年左右就会受到一次彗星撞击，如果没有木星在，地球就不可能存在生命。可以说，木星一直担当着地球生命保护神的角色。

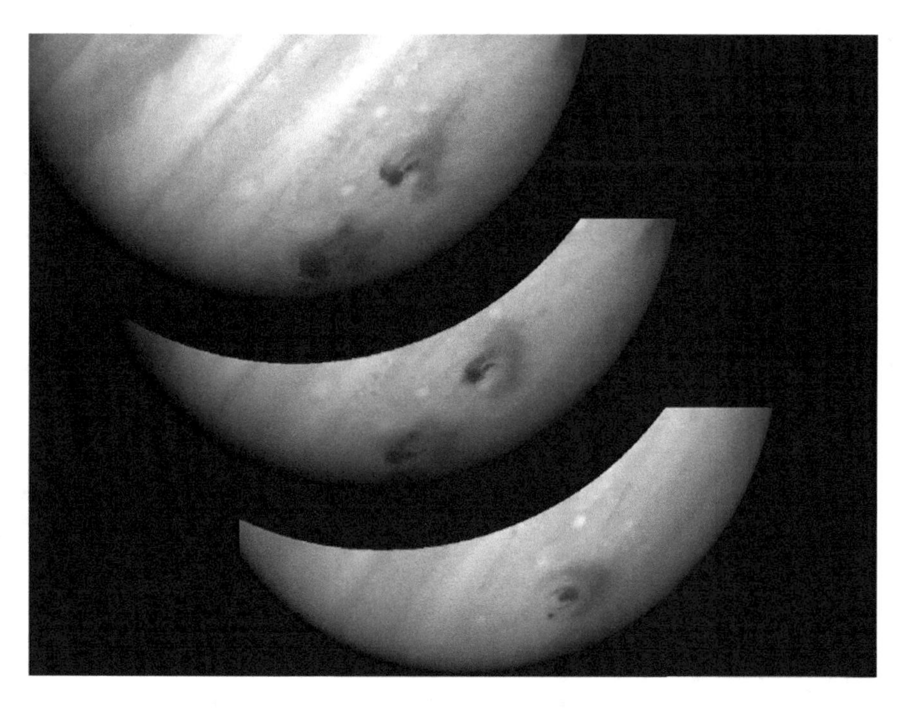

▲　被撞后的木星表面

第3章

太阳系最上镜的行星

橘色的表面，彩色的云朵，散发着柔和光辉的环——土星是最美丽的行星之一。人类对土星进行了长久的追逐，是对未知世界的探索，也是对美好事物的追求。

土星是一颗什么样的天体?

土星（Saturn）小档案

①太阳系第二大行星。

②到太阳的最小距离是 9.02AU，最大距离是 10.05AU。

③赤道半径为 60268 千米，是地球的 9.45 倍。

④质量是地球的 95 倍。

⑤平均密度只有 0.69 克每立方厘米。

⑥表面重力加速度为 10.4 米 / 秒 ^{2}，是地球的 1.07 倍。

⑦自转周期为 10 小时 39 分 22.4 秒。由于自转迅速，赤道凸出，成为一个扁球体。

⑧大气层由大约 92.4% 的氢和 7.4% 的氦，以及少量的甲烷和氨构成。

土星是一颗非常美丽的行星，凡是用望远镜看见过土星的人，无不惊叹不已。土星有着橘色的表面，漂浮着明暗相间的彩云，赤道面上有散发出柔和光辉的光环，因此有人形容土星是一个戴着大檐遮阳帽的女郎。

土星的三大热点是什么?

当前土星最让人关注的热点有三个：一是土星六角形风暴；二是美丽的光环；三是千奇百怪的卫星，特别是可能存在生命的土卫六。

▶　土星

土星的名称是怎么来的?

在古代，中国人就已经观察到土星的颜色为黄色，再结合五行学说中的木青、金白、火赤、水黑、土黄，故将其命名为“土星”。

土星的美丽获得了人们的众多关注，它的名字与多种文化有渊源，如在罗马神话中土星的名字源于农业之神萨图尔努斯；在希腊神话中源于克洛诺斯（泰坦族，宙斯的父亲）；在巴比伦神话中源于尼努尔塔；在印度神话中源于沙尼。它的天文学符号是代表农神萨图尔努斯的镰刀。

土星的六边形云图是什么样的?

土星的六边形云图是北极附近持续存在的六边形云层结构，中心位于北极，边长位于北纬 78° 附近，每个边长约 13800 千米，以 10 小时 39 分 24 秒的周期旋转，估计这种图形已经持续几百年了。从图形的六角形云图中可看到一个中心在北极的飓风，飓风眼的大小是地球上飓风眼平均大小的 50 倍。在整个巨大的风暴中，还有许多小的涡旋，以暗红色卵形出现。最大的涡旋在六边形的右下角附近，直径大约 3500 千米。

◀土星

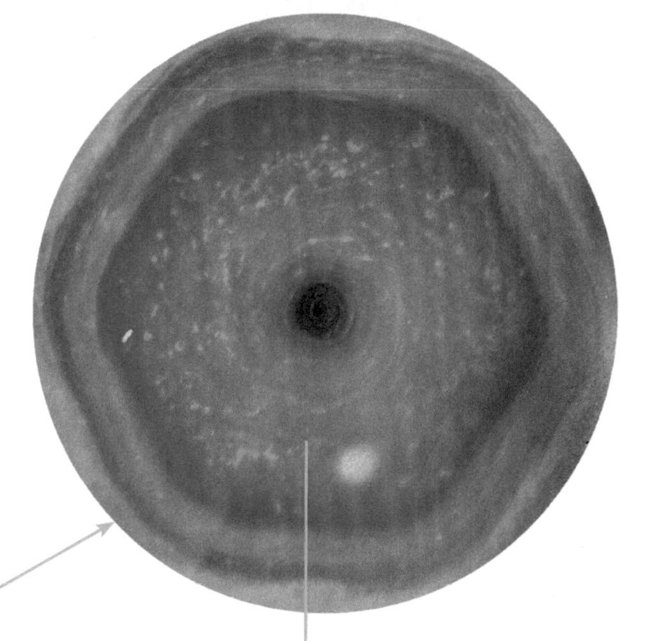

◀ 土星的六边形云图

什么是土星红玫瑰?

土星北极的自旋风暴像深红色的玫瑰，并有“绿叶”包围着。根据卡西尼号探测器的测量结果,这个巨大红玫瑰的直径约为2000千米。

◀ 土星红玫瑰

土星风暴有哪些特征？

土星是太阳系中风暴最多、最大的一颗行星，它的风暴具有6个突出特征。

- 风速快，可达450米/秒；
- 分布广，在南北半球都有，但最强烈的风暴主要出现在赤道附近；
- 持续时间长，如2012年7月22日拍摄到的土星强大风暴，持续了约200天；
- 影响面积大，有的风暴扫过的面积超过10个地球的面积；
- 形态多种多样，有的是极区涡旋，有的是沿纬度圈扩展；
- 常伴随着巨大的雷暴。

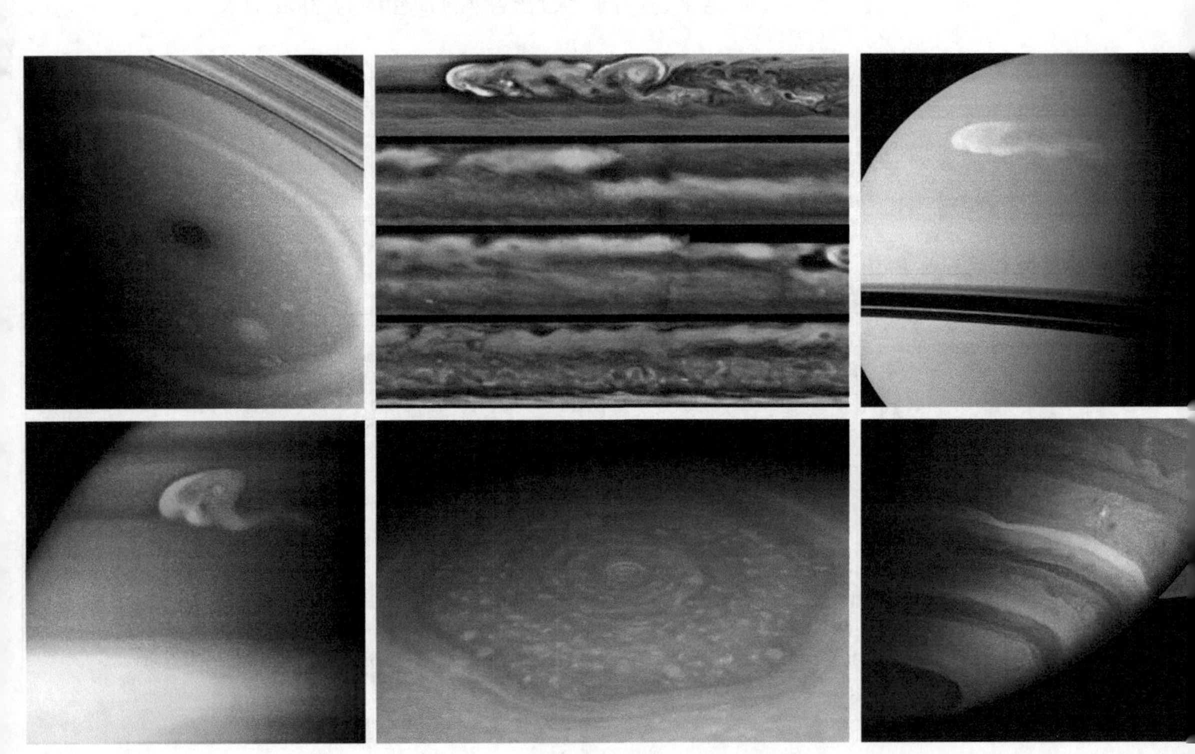

▲ 几种典型的土星风暴

土星风暴是怎样形成与发展的？

根据卡西尼号探测器的观测，在 2010 年 12 月 5 日拍摄的照片中，一个大的风暴在开始时只是一个不起眼的亮点，这个亮点在图中位于土星的上部，处于日夜分界线处，这个点的亮度也只比背景云稍亮一些，不过这个“点”的尺度却相当可观，东西方向长 1800 千米，北到南方向长 1300 千米，这个点随后突然迅速发展壮大，到 2011 年的 1 月份，它已经发展成为一个横贯土星北半球的巨型风暴系统。

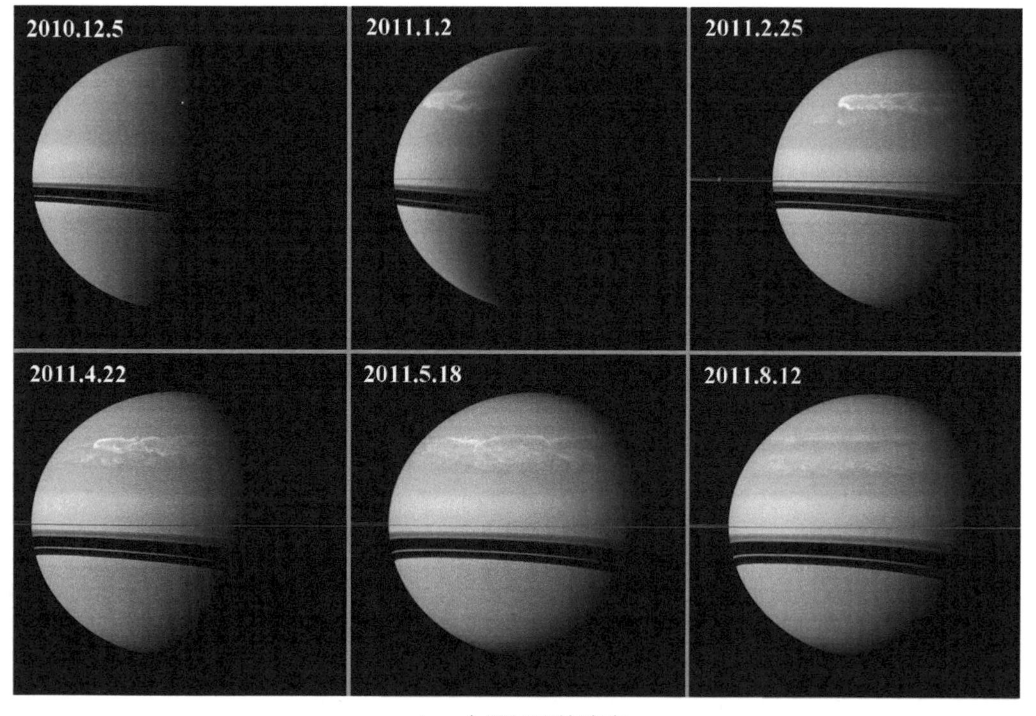

▲　土星风暴的演变

最大的土星风暴是什么样的?

从2010年12月5日开始的土星风暴后来发展成由旅行者号探测器和卡西尼号探测器观测到的最大土星风暴。这个风暴环绕土星，所在纬度的圆周为30万千米，从北到南，覆盖了大约1.5万千米宽的范围，包围的面积为40亿平方千米，是地球表面面积的8倍。

下图是这个风暴的头部和涡旋演变的情况。风暴头部的亮云用红色

▼ 土星最大风暴中的头部和涡旋

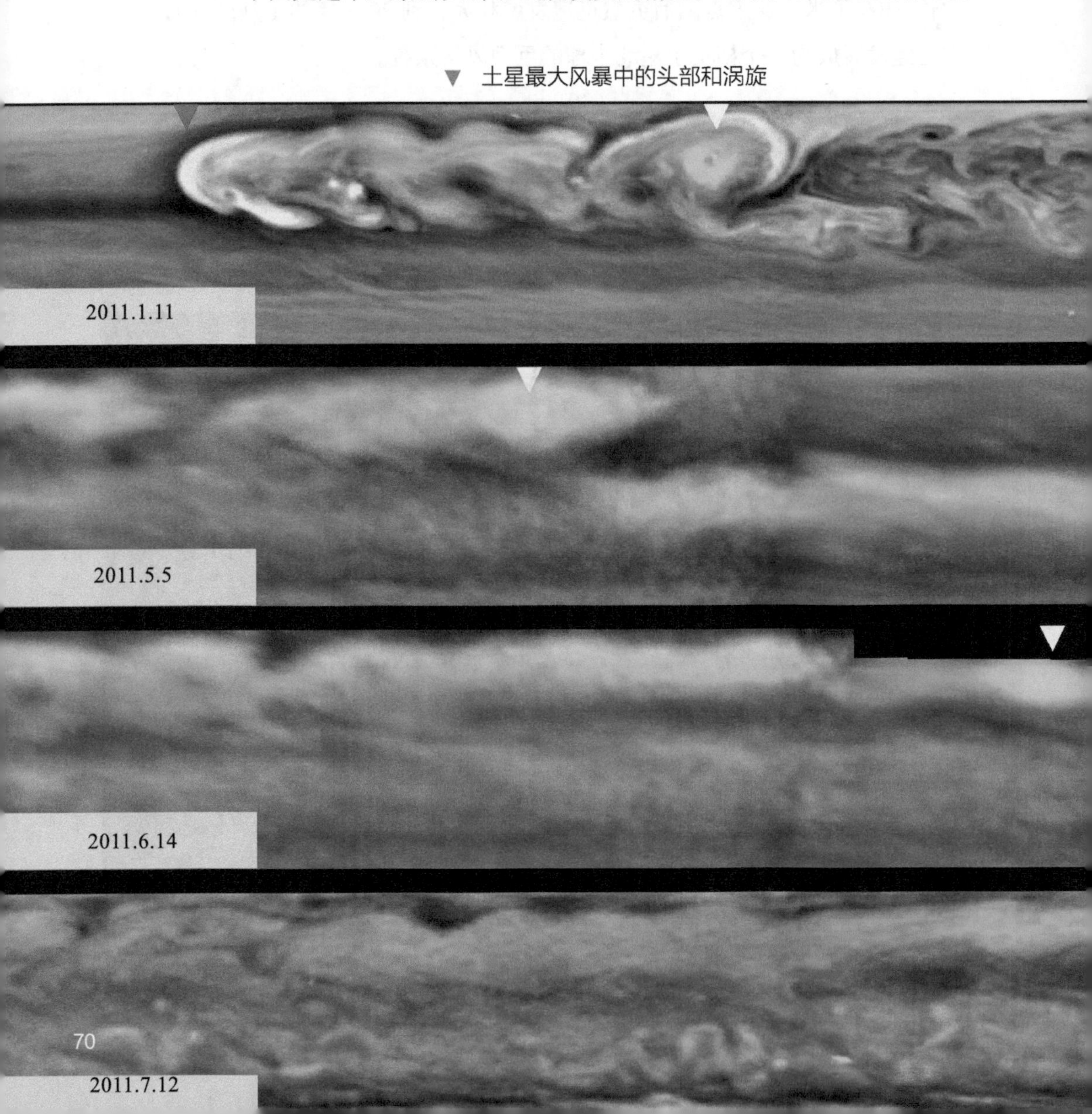

▼ 最大风暴期间的雷暴，图中白色箭头所指为云中闪电发生的位置，其大小为 200 千米。

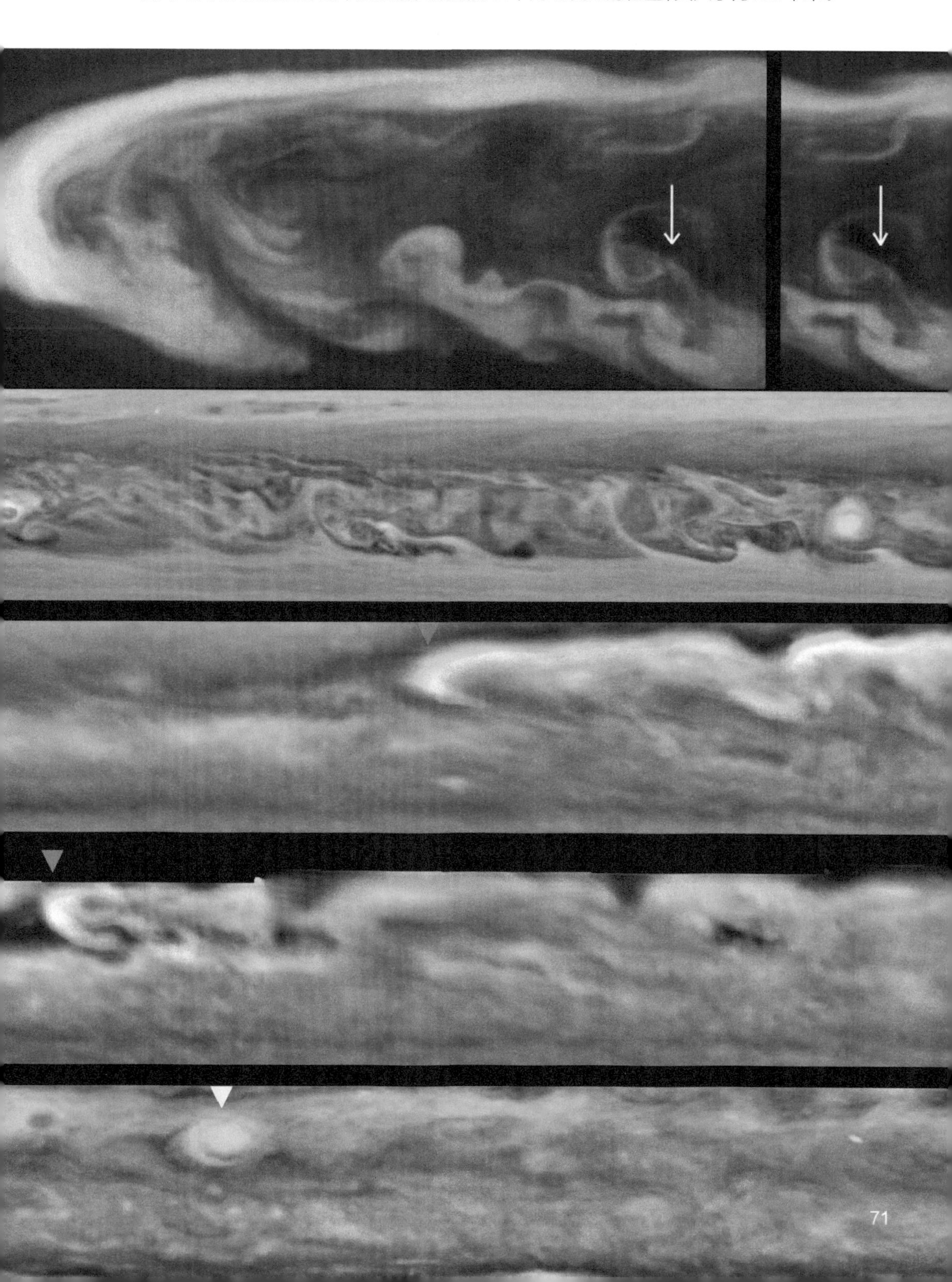

三角指示，黄色三角指示涡旋。第一张图取自2011年1月11日，在风暴开始不久，风暴亮的头部在涡旋的前面大约4万千米。第二张图取自2011年5月5日，风暴的头部围绕土星运动，从东面开始接近涡旋。风暴被拉长到22.4万千米，头部的尺寸在8.2万千米左右。

土星的南极涡旋是什么样的？

下面两张图显示了发生在土星南极的涡旋暴。在黑白图中，暗的区域表示厚的云，亮的区域表示干净的云；伪彩色图中，红色表示极区，浅绿色表示远离南极的亮的雾和云。极区涡旋旋眼是亮的，说明这里几乎没有云；暗斑处说明那里存在厚的云。

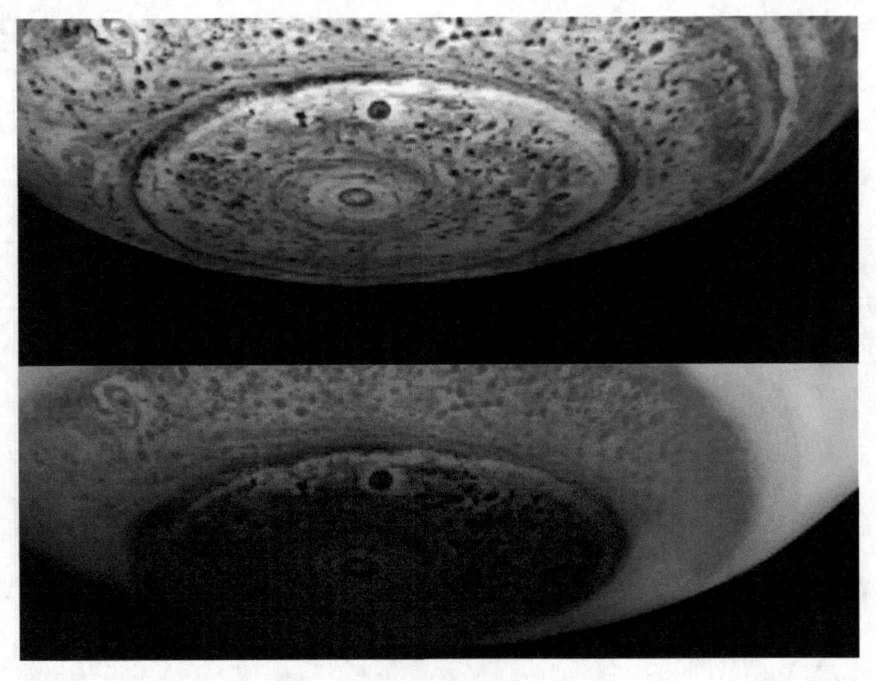

▲ 土星南极涡旋

土星的大白斑是什么样的？

大白斑，也就是所谓的大白椭圆，是与木星上的“大红斑”作对应的名称。它是一种在土星上周期性出现的典型白色斑点，直径可以达到数千千米，已经大到可以从地球上用小望远镜看见的程度。这种现象的周期性间隔大约是 28.5 年，与土星环绕太阳的轨道周期相符合。在土星的北半球夏至时出现，之前大白斑曾在 1876 年、1903 年、1933 年、1960 年和 1990 年出现过，预计下一次将于 2018 年之后出现。

如同在 18 世纪和 19 世纪初一直没有大红斑的记录一样，在 1876 年之前没有大白斑的任何观测记录，这是件很奇怪的事。1876 年的大白斑是极为突出的，用 60 毫米的小望远镜就可以看见。是早期没有进行记录，还是 1876 年的大白斑才真的进入望远镜的时代？没有人知道确切答案。

目前的研究认为，大白斑产生的原因可能是巨型的大气上升涌流，也可能是热力上的不稳定。

▲ 土星大白斑

土星的环有多大?

土星环延伸到土星以外辽阔的空间，最外环距土星中心有 48 万千米，而整个光环宽达 28 万千米，可以在上面并排 20 多个地球，如果拿一个地球在上面滚来滚去，其情形如同皮球在人行道上滚动一样。

土星环和缝是怎样命名的?

土星环以前 7 个英文字母命名，距离土星从近到远分别为 D、C、B、A、F、G 和 E。而由 A 到 G 的英文字母的顺序则是按发现的先后顺序命名的，即 A 环是最早发现的，G 环是最后发现的。

从地球上看去，土星环中存在几个薄薄的暗区，被称为缝，这些缝把土星环分割成了不同的部分。按从里到外的顺序，土星环的缝分别为科伦坡缝、麦克斯韦缝、惠更斯缝、卡西尼缝、恩克缝和基勒缝。

土星的主环是什么样的?

土星的主环包括 A 环、B 环和 C 环。A 环是外层最大与最亮的环，厚度估计在 10 ～ 30 米，它与 B 环之间，内侧边界是卡西尼缝。B 环是所有环中最大且最亮的，垂直厚度估计在 5 ～ 15 米。C 环是在 B 环内侧很宽阔但暗淡的环，估计它的厚度只有 5 米。

土星环是由什么物质构成的?

土星主环反射的红外光与水冰类似，这意味着土星主环的主要成分是水冰，占 99.9% 左右，另外也掺杂着少许的杂质。主要环带中的颗粒大小范围从 1 厘米至 10 米。

什么是土星环之最？

最宽的环是 E 环，从 18 万千米扩展到 48 万千米，宽度为 30 万千米；

最窄的环是 F 环，宽度只有 30 ～ 500 千米；

最里面的环是 D 环，内边缘到土星的中心距离为 66.97 万千米；

最外面的环是 E 环，最外侧到土星中心的距离为 48 万千米；

最宽的缝隙是卡西尼缝，宽度为 4700 千米；

最窄的缝隙是基勒缝，宽度只有 35 千米。

环中有小卫星吗？

土星的许多小卫星就镶嵌在环中，环中许许多多的小卫星常常引起长达数千米的湍流。也正是根据这些湍流，卡西尼号探测器才发现了这些小卫星。估计在 A 环内就有数百颗这样的小天体。

土星环是怎样产生的？

洛希极限：巨行星的质量非常巨大，因而对周围物体的引力也非常大。如果一颗卫星围绕巨行星运动，那么朝向行星的那一面显然离行星近，受到的引力大，而背向行星的那一面因离行星远，受到的引力就小。这样，在卫星上就产生了一个引力差。卫星越靠近行星，这个引力差就越大。当卫星的距离小到一定数值时，这个引力差使得卫星破裂，这个临界点就称为“洛希极限”。

在洛希极限以内，可能仅存一些碎片，而不会存在整个卫星。这些碎片就是构成行星环的物质。这是行星环产生的一个源。

太阳系演化初期残留下来一些原始物质，因在洛希极限内绕行星公转而无法凝聚成卫星，就变成了环物质，这是第二个源。

位于洛希极限内的一个或更多的较大天体被流星轰击成碎片，构成了行星环的第三个源。

一般说来，大多数行星环中的物质在洛希极限内绕行星本体运转。最近发现，有的较外层的环可以分布在洛希极限外很远的地方，对于这些环的形成原因还有待深入研究。

环绕土星的巨环是什么样的？

美国的斯皮策空间望远镜发现围绕土星有一个巨大的环，环物质的主体从距离土星大约 600 万千米处开始，向外延伸到大约 1200 万千米，环的直径等效于 300 个土星直径，而土星在其中只是一个小点。

该环本身是稀薄的，由冰块和尘埃粒子构成，用可见光观测非常困难。

▲ 围绕土星的巨环

土星有自己的极光吗?

极光是一种出现于高纬度地区上空的绚丽多彩的发光现象。它是由来自太阳的高能带电粒子流激发或电离行星高层大气分子或原子产生的。由于行星磁场的作用，高能粒子向极区偏转，因此极光常见于高纬度地区。地球、木星和土星都有极光现象。

土星的极光具有自己的特点：每天都在变化，时而静止，时而随土星自转而运动；有时能持续好几天；在土星的昼夜交替之际，极光显得尤其明亮，有时会形成螺旋形。

研究人员认为，影响土星极光的因素完全不同于地球和木星，因此土星极光与地球和木星极光发生的地点和表现特征都不同。

▲ 土星的极光

土星有多少颗卫星?

土星有 62 颗已确定轨道的天然卫星，其中 52 颗已被命名，大部分体积都很小。另外还有几百颗已知的小卫星，位于土星环内。土星卫星之中有 23 颗为规则卫星，它们顺行的轨道和土星赤道平面的倾斜度并不高。其余的 39 颗较小卫星均为不规则卫星，它们的轨道距离土星更远，轨道倾角更大，包括顺行及逆行卫星。它们很可能是土星引力捕捉来的微型行星，或是微型行星分裂后的残余物，形成各个撞击卫星群。

▲ 土星的部分卫星

土卫八
土卫九
土卫六
很小的外卫星
土卫七

土星最大的卫星有多大?

土卫六（Titan，中文音译为泰坦），其直径为 5150 千米，是土星最大的卫星，也是太阳系中仅次于木卫三的第二大卫星。虽然土卫六被归类于卫星，但它大于水星（直径 4879 千米）。

土卫六大气层有什么特征?

土卫六是太阳系所有卫星中唯一具有丰富大气层的卫星，其大气层具有三大特征。

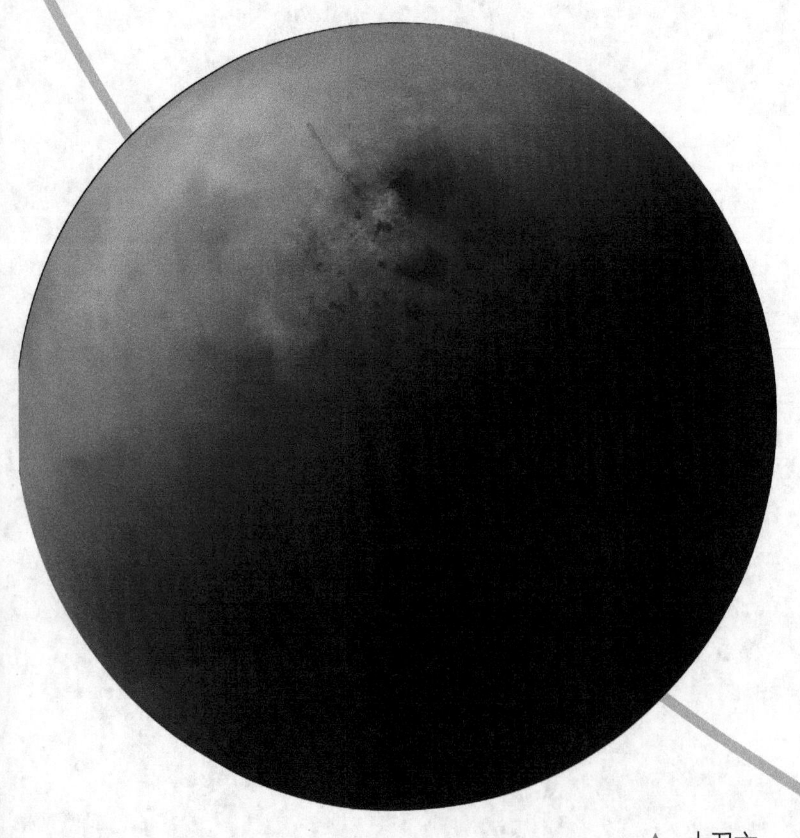

▲ 土卫六

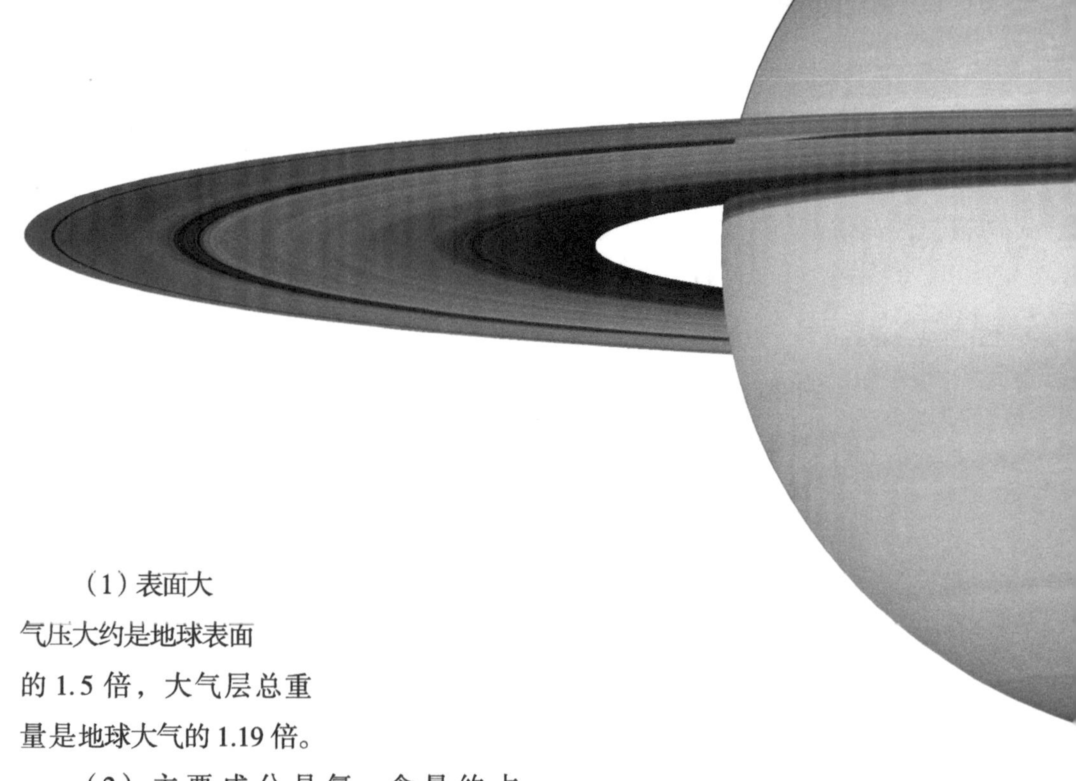

（1）表面大气压大约是地球表面的 1.5 倍，大气层总重量是地球大气的 1.19 倍。

（2）主要成分是氮，含量约占 98.4%。它是地球以外太阳系中唯一富含氮的浓密大气层。其余 1.6% 的成分主要是甲烷（1.4%）和氢（0.1% ～ 0.2%）。

（3）大气层中含有复杂的有机化合物，包括甲烷、乙烷、乙烯、乙炔等。

此外，土卫六的大气层中也有雾和云。

▲ 土卫六与地球、月球大小的比较

▲ 土卫六大气层中的雾

▲ 土卫六南极的冰云

土卫六的大气层中含有丙烯吗?

卡西尼号探测器探测到土卫六的大气层中存在丙烯，这是第一次在地球以外的天体上探测到这种化学物质。

丙烯是一种无色可燃气体，在地球上可以通过石油裂解而得到，可用于生产多种重要有机化工原料、合成树脂、合成橡胶及多种精细化工产品。在自然界中，丙烯以发酵作用的副产品的形式产生，除地球以外仅在土卫六底层大气中被发现过。

土卫六表面有液体湖吗?

卡西尼号探测器的雷达观测证实，土卫六表面有许多由液体甲烷和乙烷构成的湖。

▲ 土卫六红外成像显示出其北半球的液体湖

大多数液体湖分布在北半球，而且几乎所有的湖都集中在 900 千米 ×1800 千米的一个区域内，只有大约 3% 的湖在此区域之外。

土卫六的液体湖有多深？

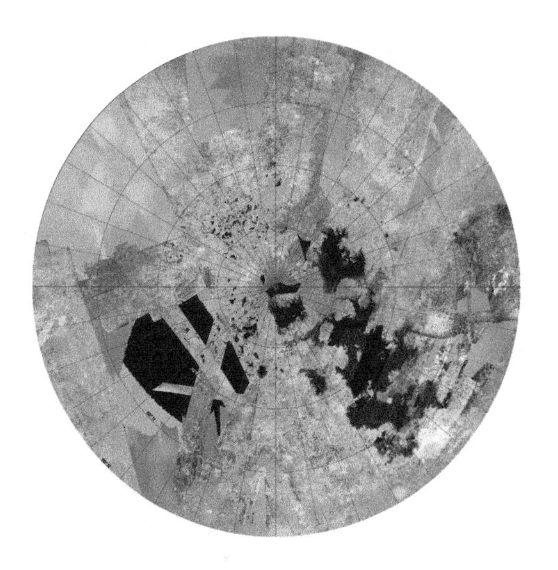

卡西尼号的雷达数据表明，土卫六上的第二大湖丽姬亚海（Ligeia Mare）深度为 170 米。

▲ 土卫六北半球液体湖的分布，图中蓝色与黑色表示液体湖，陆地区域用黄色与白色表示，北极位于中心，视场扩展到北纬 50°。

土卫六可能有地下液体海洋吗?

根据卡西尼号探测器的重力探测数据，人类获得了土卫六内部结构的图形。按照这个模型，土卫六内部应当有液体海洋。

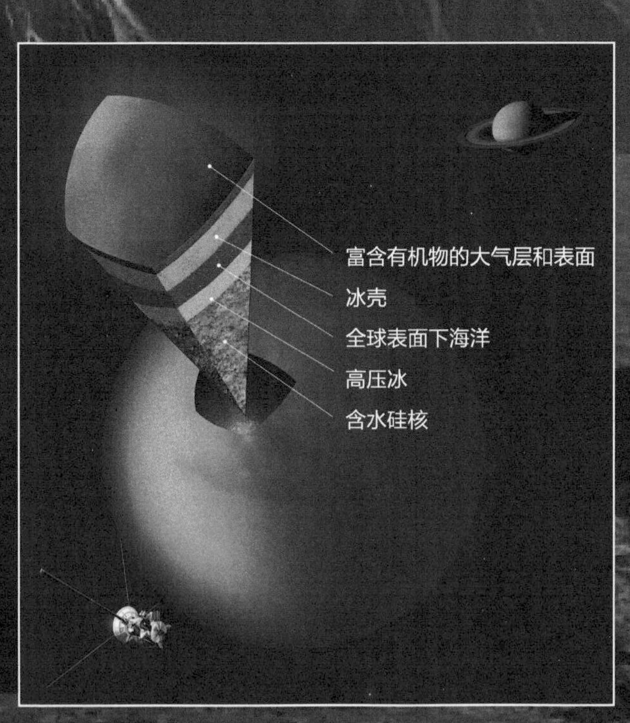

▲ 土卫六的内部结构

土卫六在围绕土星公转过程中，受到土星潮汐力的影响，不断地被挤压或拉长。根据计算，如果土卫六完全由坚硬的岩石组成，则土星潮汐力仅会使其固体部分形成高约 1 米的凸起；但卡西尼号探测器却观测到约 10 米的凸起现象。由此可见，土卫六不是完全由固态岩石物质组成的。据一些科学家推测，土卫六的地下海洋应当位于地壳与地幔之间。

▲ 土卫六液体湖艺术图

土卫六可能有生命吗?

目前虽然还没有在土卫六上发现生命，但已经获得了土卫六可能存在生命的线索，这些线索包括：

（1）土卫六有液态甲烷和乙烷湖，以及河流和海，一种理论认为这些条件可以支持非水基的生命存在。

（2）土卫六有地下海洋，海洋由水和氨组成，可以维持生命存在。

（3）土卫六的大气层非常厚且具有化学活性，富含有机物，这引起人们的思考，生命的化学前兆可能在这种环境下产生。

（4）土卫六的大气层中也含有氢气，这种气体在大气层和表面环境之间循环，类似于地球上产甲烷的生物体可能与其他有机化合物组合以获得能量。

在 2010 年 10 月，美国亚利桑那大学的学者进行了一项试验，将能量加到类似土卫六的大气层的组合气体中，发现产生了 5 种核碱基（nucleobase），这是脱氧核糖核酸（DNA）与核糖核酸（RNA）的重要组成单元。试验也发现了氨基酸——构成蛋白质的基本单位。这项试验是第一次在没有水的情况下产生核碱基与氨基酸。这个试验结果也为土卫六可能有生命存在提供了根据。

▲　未来人类在土卫六的液体湖上寻找生命

土卫二最突出的特征是什么?

土卫二（Enceladus）是1789年由赫歇尔发现的。轨道半长轴为238020千米，上面几乎可以放下2个土星。卫星赤道直径为504.2千米，轨道周期和自转周期都是1.370218天。平均密度为1.24克每立方厘米。土卫二最大的特点是反照率高达100%，是太阳系中反照率最高的天体。由于土卫二能有效地反射阳光，其表面温度仅-201℃，因此有“太空雪球”之称。另外，土卫二的南极有间歇式喷泉，不断喷发出水冰物质。

土卫二的表面地形是什么样的?

土卫二表面至少有五种地形已被确认，有直径不大于35千米

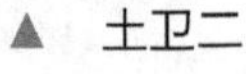

的陨石坑、平缓的平原、波状的丘陵、沿直线延伸的裂缝与山脊。所有这些都说明，即使以前土卫二是冻结的，但现在其内部可能有液体。土卫二表面也广泛分布着环形山地形，但随着位置不同，环形山的密度以及退化的程度相差很大。

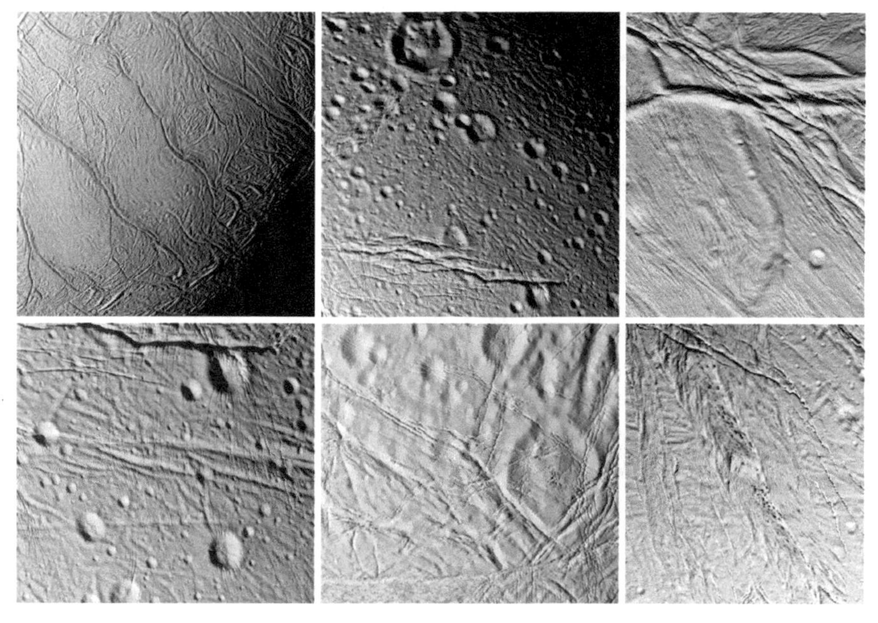

▲ 土卫二的典型地貌

土卫二南极地区有什么特点?

下图中的蓝 - 绿色条纹状区域称为“虎纹”区（tiger stripes region），显示出长长的（约 130 千米）、陨石坑状的特征，坑间的距离约 40 千米，大体上是互相平行的。这个区域被认为是土卫二喷出的羽状水柱的源。在虎纹区，最主要的物质是晶体冰。图中从左上到右下蓝色的裂缝宽 1 ～ 2 千米，长度大于 100 千米。这些裂缝看起来比周围地区蓝，是因为那里有更粗的颗粒冰。

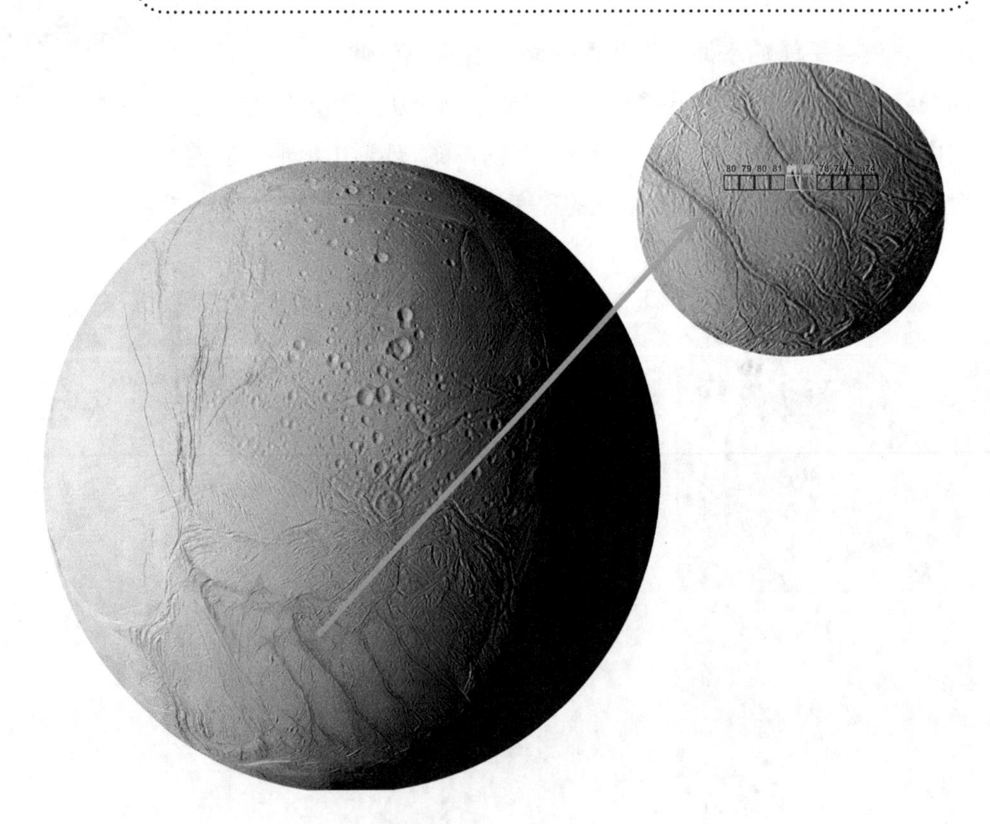

◀ 土卫二的南极地区最温暖的地方

▲ 土卫二的“虎纹”区

左图显示了土卫二南极地区最温暖的地方。图中每个方框的尺寸为 6 千米，标出的温度是由红外光谱仪获得的，方框上的数字表示该地方的平均温度。在图中最温暖的区域温度为 91K（相当于 -182℃）和 87K，位于“虎纹”区裂缝，而周围地区的温度为 74 ～ 80K。详细的红外光谱仪数据表明，在虎纹区裂缝附近的小区域内温度超过 100K。

土卫二的南极为什么温度高?

土卫二南极的这种“暖”不是由微弱的阳光对表面加热造成的，而是来自土卫二泄漏的内部热量。

土卫二的间歇喷泉是什么样的?

2005 年 2 月，卡西尼号探测器发现了在土卫二南极存在间歇喷泉的证据。该图是卡西尼号的窄角摄像机在距离土卫二表面约 32.1 万千米的高度上获得的，此时太阳到土卫二与土卫二到探测器连线之间的角度为 153°，图像的空间分辨率为 1.8 千米。图中所展现的是羽状冰物质在土卫二的南极上空扩展。

▲ 卡西尼号探测器拍摄的土卫二南极附近的间歇喷泉

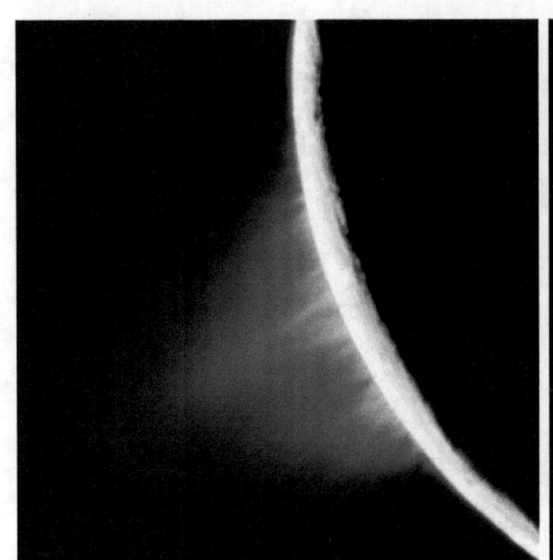
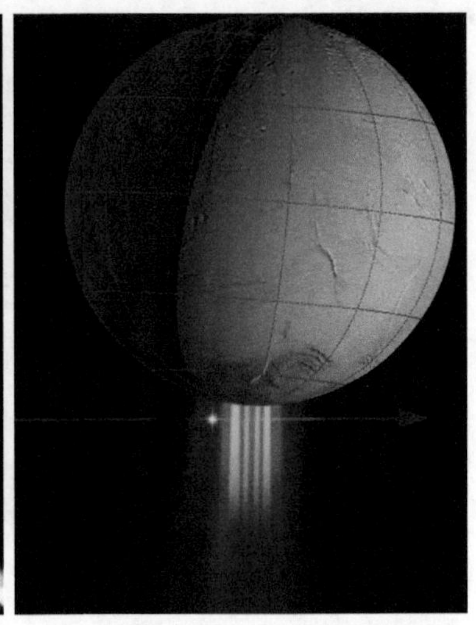

土卫二可能有地下水吗?

根据多年的观测结果，科学家认为土卫二有地下海洋存在，主要根据有三方面：一是喷泉的数量和每次的喷发量；二是喷发物的成分；三是对南极地区引力异常的观测数据。

目前已经证实在土卫二南极地区至少有 101 个间歇式喷泉，水蒸气和冰颗粒的喷发率为 100 ~ 300 千克 / 秒。由此可推断，土卫二表面下一定有巨大的液体水源，不管这个源是单个大湖，还是多个小湖，总的水面面积将达到几百平方千米。另外，根据观测数据，喷泉的喷发速度高达 300 ~ 500 米 / 秒，这种速度十分罕见，往往只有在含水量非常丰富的情况下才能达到这种速度。

2009 年 8 月 13 日，科学家对外公布了对土卫二南极地区喷射出的水蒸气进行分析的最新结果，他们在冰晶颗粒中发现了高浓度的盐分。此外，卡西尼号探测器还发现了诸如碳酸盐和尘埃颗粒等有机化合物的踪迹。这些证据都有力证明了在该卫星表面之下存在着一个海洋，因为这种状况一般只发生于大面积的水体之中。

还有一方面的证据来自于对土卫二南极地区引力异常的观测。卡西尼号探测器在 2010 年至 2012 年间曾 3 次飞越土卫二，其中有 2 次飞越南极，1 次飞越北极。在飞越南极期间，科学家利用 NASA 的深空通信网，精确地测量了卡西尼号探测器因受到土卫二引力的影响而产生的速度扰动，数值为 0.2 ～ 0.3 毫米 / 秒。速度的微小变化反映在测控信号频率的变化，这就是“多普勒效应”。这些测量数据表明，在土卫二的南极存在质量变小的异常，并由此推断，在南极 30 ～ 40 千米厚的冰壳下面，有一个大约深 10 千米的液体海洋。

▲　土卫二南极的喷发现象，喷发现象的热量来源主要有潮汐加热和辐射热

土卫二的内部结构是什么样的?

根据卡西尼号探测器和NASA深空通信网探测的结果，土卫二最外面是冰壳，中心是低密度的岩石核，在南部高纬地区，核外是区域性水冰海洋。

土卫二的喷泉由什么控制?

土卫二喷泉的亮度变化为3～4倍；大约每秒钟喷出100千克水冰；当土卫二在轨道的最远点时，喷发物最多，位于最近点时喷发物最少。

根据上述观测结果，科学家认为，当土卫二在最靠近土星时受到最大引力的作用，裂缝受到挤压关闭；当远离土星时受到的引力小，允许裂缝打开以释放喷发物: 这说明土卫二的喷泉是由土星的潮汐力控制的。

▲ 土卫二可能的内部结构

土卫二可能有生命吗?

生命的存在需要具备三个最基本的条件：液态水、生命在新陈代谢中必需的元素、生物体可用的能源。

前文已经讨论了土卫二的地下海洋,说明土卫二有可能存在液态水。

生命在新陈代谢中必需的元素包括各种参与有关生物化学反应的元素，其中衍生生命的主要元素是碳、氢、氧、氮、硫和磷。卡西尼号探测器利用质谱仪对土卫二的喷发物进行了多次测量，发现的物质主要有水、二氧化碳、一氧化碳、氮气和甲烷，微量成分有 C_2H_2、C_3H_8、NH_3 和 HCN 等。

在土卫二内部存在多种能源，主要有潮汐加热、放射性物质在衰变过程中释放出的辐射热。长期以来，科学家相信它们共同提供了液态水存在所需要的热量。在 2015 年 3 月，一些科学家在《自然》杂志上发表文章，提出了在土卫二内部存在水热活动的观点，使得土卫二内部的能源又增加了化学能。

由于土卫二地下海洋基本具备生命存在的条件，因此，我们有理由相信，土卫二是太阳系内最有可能存在地外生命的地方。

▲　土卫二海洋生物的艺术图

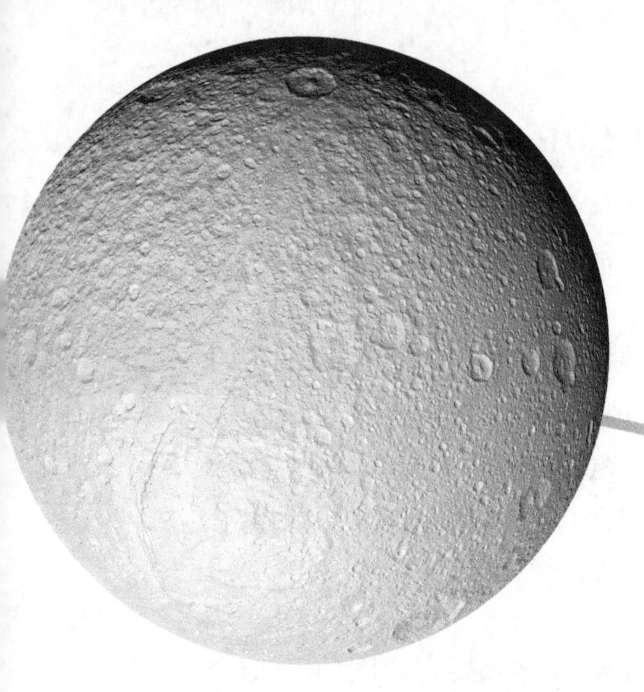

▲ 土卫三

土卫三是个冰体吗?

对土卫三表面的光谱测量和其密度（只有 0.98 克每立方厘米）都显示它主要是由水冰构成的，也含有少量岩石。除此之外，其表面还有少量难以辨别的较暗的物质。土卫三表面非常明亮，在土星的卫星中，亮度仅次于土卫二。

▲　土卫七

土卫七为什么像个大马蜂窝？

土卫七是太阳系最大的高度不规则体之一，三轴方向最长长度分别是 410 千米、260 千米、220 千米。其表面最大的陨石坑直径约 121.57 千米，深 10.2 千米。土卫七形成现在的“马蜂窝”状很可能是由一颗较大的天体受到撞击后形成的剩余物，天体的原始直径可能为 350 ～ 1000 千米。新的分析证实，土卫七表面主要是由水冰构成的，其中有少量岩石，但这些水冰是脏水冰。

土卫三表面最突出的两个特征是什么？

土卫三表面最突出的两个特征是陨石坑和大峡谷：土卫三表面布满陨石坑，其中最大的陨石坑直径大约 400 千米；最长的峡谷宽约 100 千米，长度大于 2000 千米。这两个特征在土卫三图中都可以看到。

▲ 土卫五的伪彩色图

土卫五是一个冰体吗？

土卫五是一个冰体，由约 75% 的水冰和约 25% 的岩石构成，其密度大约是 1.236 克每立方厘米。土卫五的伪彩色图中，左右两侧颜色上的差异，反映了成分上的差别。

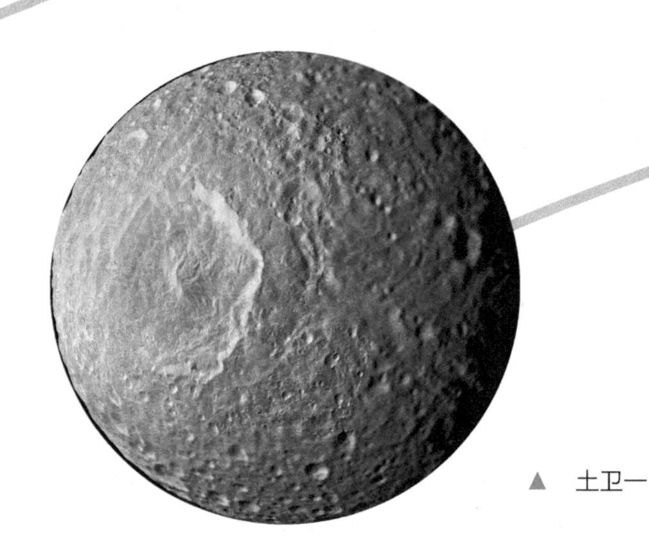

▲　土卫一

土卫五是一个冰体吗？

土卫一密度较低（为 1.17 克每立方厘米），这表明其可能是由大量的冰体和少量的岩石构成。土卫一最显著的特征是一个庞大的陨石坑，为纪念土卫一的发现者，这个陨石坑被命名为赫歇尔陨石坑。它的直径约 130 千米，接近于土卫一的 1/3，坑深达 6 千米，坑缘高达 5 千米，部分坑底深达 10 千米，它中心的山峰高出坑底 6 千米。赫谢尔陨石坑由撞击产生，形成这个撞击坑的撞击事件几乎将土卫一撞得粉碎，在撞击坑的相对侧仍能清楚地看到断裂地形，这可能是由撞击之后横贯星体的冲击波造成的。

人类对土星进行过哪些探测活动?

美国发射的先驱者 11 号探测器是人类首次进行的土星探测任务,它于1979年9月接近土星,并从土星云层顶端上方2万千米的地区通过。先驱者 11 号也拍摄到了土星与一些卫星的低分辨率照片,但这些照片不足以分辨出它们表面的特征。先驱者 11 号也研究了土星环,发现F环,也得知环带中间的黑暗隙缝并非没有任何物质存在,当它朝向太阳时会发出光芒。

▲ 先驱者 11 号探测器

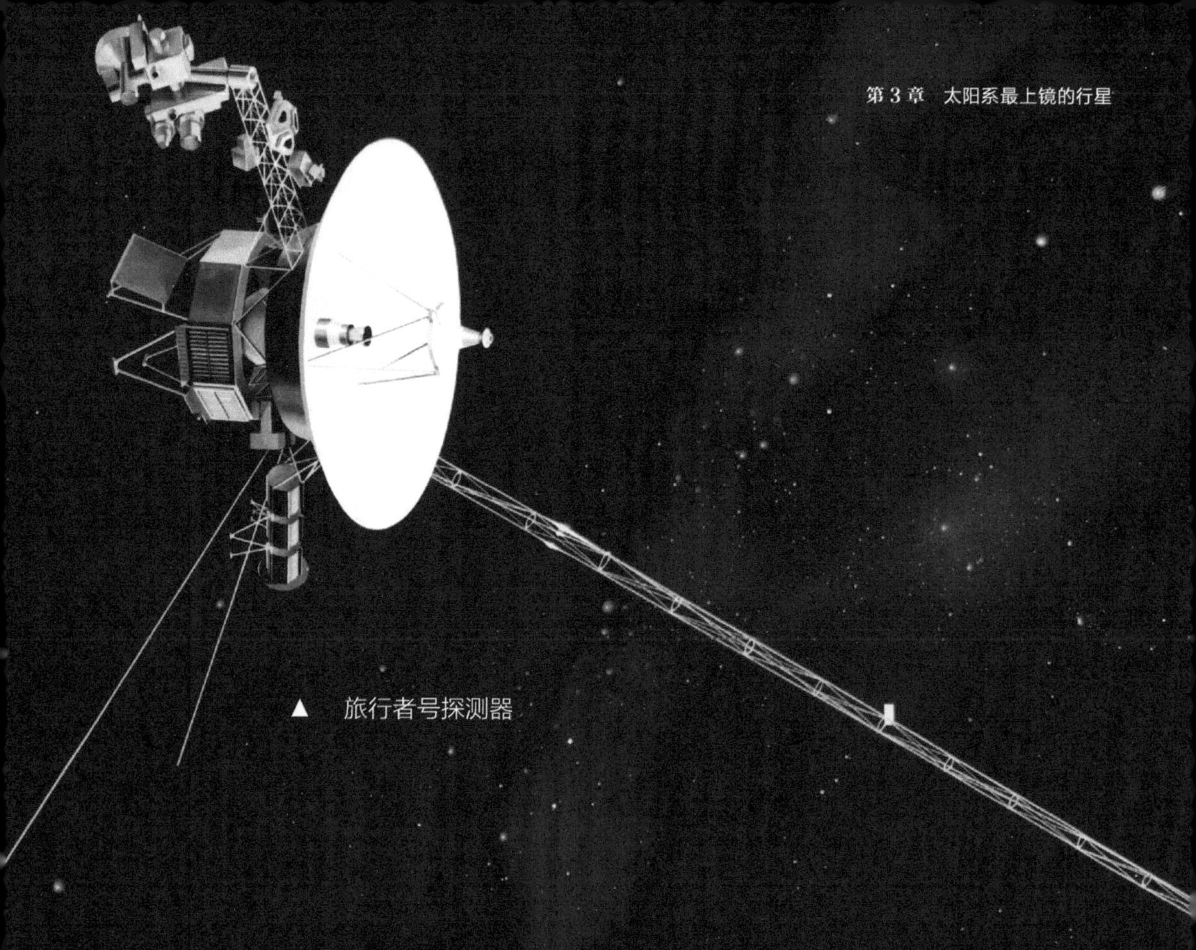

▲　旅行者号探测器

旅行者 1 号探测器于 1980 年 11 月进入土星系统，并首次传回土星及其环带和卫星的高清晰度照片。人类也首次见到这些卫星多变化的表面特征。

在旅行者 1 号抵达土星近一年后，旅行者 2 号探测器也在 1981 年 8 月抵达土星进行探测。更多卫星表面的细节被发现，环带变化的过程也更多地为人所知。但旅行者 2 号在探测期间照相机平台发生故障，所以造成一些环带照片遗失。旅行者 2 号也在环带附近与内侧发现了一些新的卫星，同时发现了麦克斯韦缝与科伦坡缝的存在。

对土星系统进行更为深入探测的当属卡西尼号探测器。

卡西尼号探测器探测了土星的哪些卫星?

卡西尼号探测器于 1997 年发射，自 2004 年切入土星轨道后，卡西尼号探测器一直环绕土星飞行，但每个轨道都不完全相同，而是有目的地接近某颗卫星，以便近距离对其进行探测。它主要探测的卫星是土卫六和土卫二，其他卫星有土卫九、土卫五、土卫七、土卫四、土卫三、土卫八、土卫十二、土卫三十三和土卫一。

卡西尼号探测器初到土星时的运行路线是什么样的?

卡西尼号探测器初到土星时，运行的轨道是一条大椭圆轨道。接着的第二、第三和第四轨道，与土星的最远距离逐渐减小。

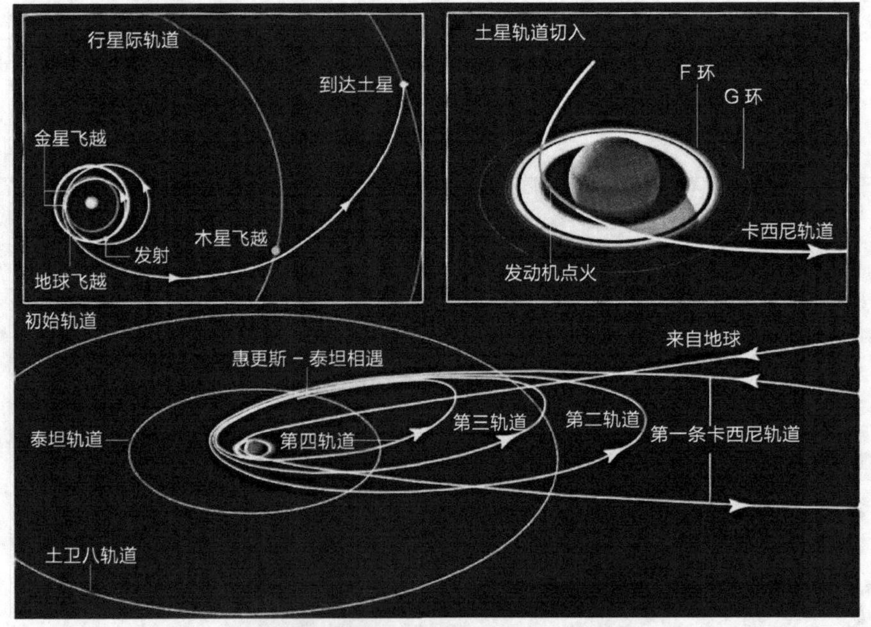

▲ 卡西尼号探测器初到土星时的轨道

卡西尼号探测器对土星系统探测分哪些阶段?

卡西尼号探测器对土星系统的探测可分为三个阶段：

第一阶段为基本任务阶段，从 2004 年 7 月 1 日切入土星轨道开始到 2008 年 5 月 28 日结束。在此期间，卡西尼号探测器环绕土星飞行 75 圈，飞越土卫六 44 次，土卫二 3 次，还飞越探测了土卫三、土卫四、土卫五、土卫七、土卫九和土卫十三。

第二阶段为春分（土星的春分在 2009 年 8 月）任务阶段，从 2008 年 7 月 30 日开始到 2010 年 7 月 1 日结束。在此期间，卡西尼号探测器环绕土星飞行 65 圈，27 次飞越土卫六，7 次飞越土卫二，还多次飞越一些“冰卫星”。

第三阶段为夏至（土星北半球的夏至在 2017 年 5 月）任务阶段，从 2010 年 7 月 1 日到 2017 年 9 月 15 日。在此期间，卡西尼号探测器将围绕土星运行 155 圈，飞越土卫六 54 次，飞越土卫二 11 次。

从 2004 年切入土星轨道到 2017 年探测任务完全结束，卡西尼号探测器共围绕土星运行 13 年。

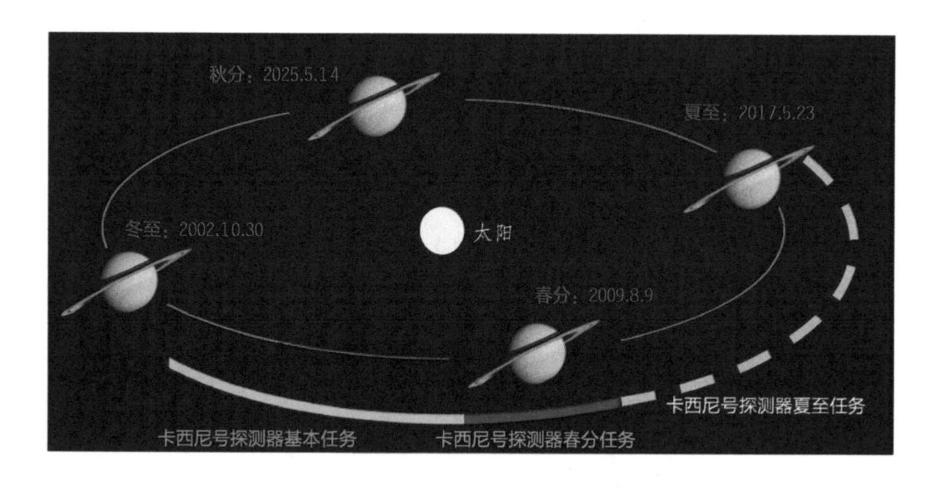

▲　土星季节变化及卡西尼探测器

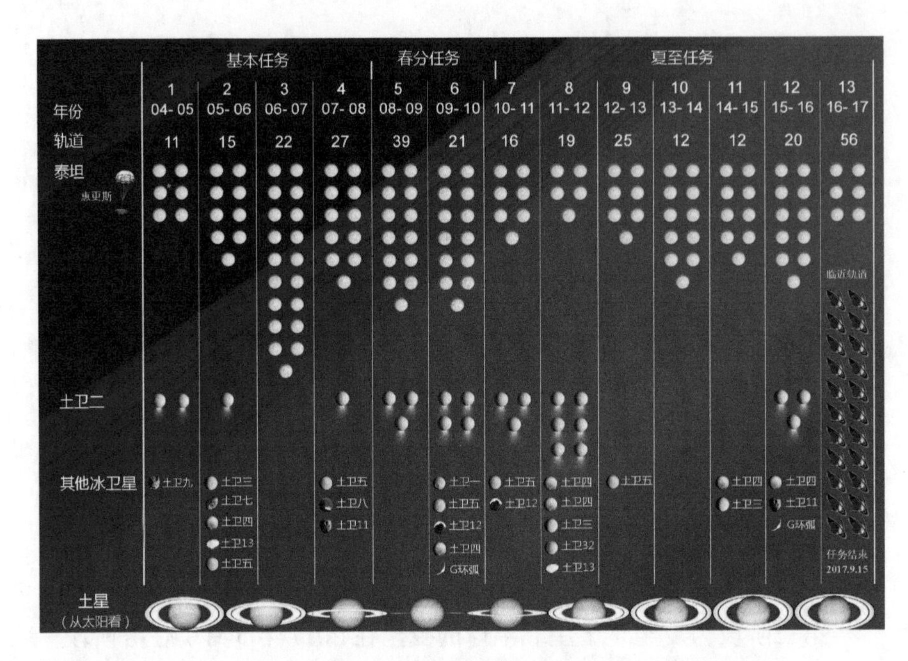

▲ 卡西尼号探测器在最初计划中各阶段的详细任务

卡西尼号探测器是怎样围绕土星运行的?

卡西尼号探测器围绕土星运行时的轨道是精心设计的，目的是按计划飞越重要的探测目标，特别是土卫六和土卫二。

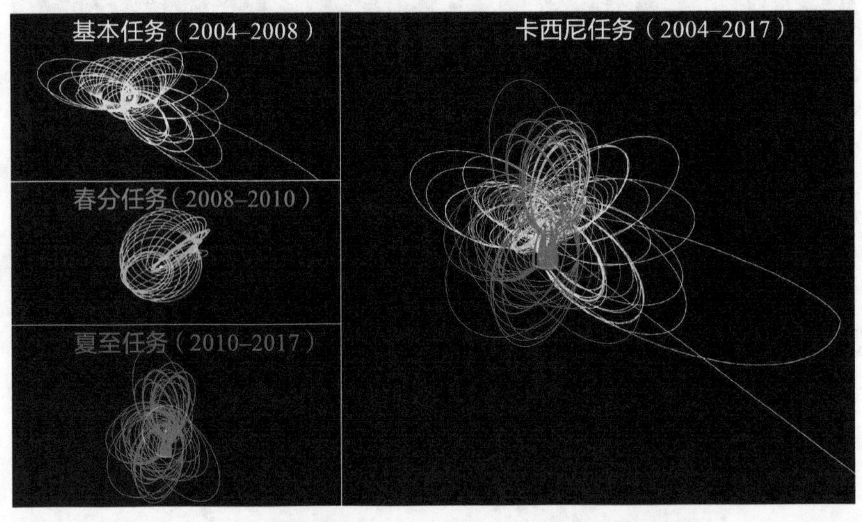

▲ 卡西尼号探测器在不同探测阶段围绕土星的轨道

为什么关注 G 环亮弧？

我们先看看卡西尼号探测器连续拍摄的三张图片，如下图所示，这三张图片显示了在 G 环亮弧中的亮点，这些亮点其实就是一个小卫星，大小在 500 米左右。其中左图是用可见光拍摄的，中间图是用红光拍摄的，右图是用红外拍摄的。亮弧的形成可能是碎片撞击小卫星后产生的物质形成的。研究亮弧可以进一步了解 G 环的构成。

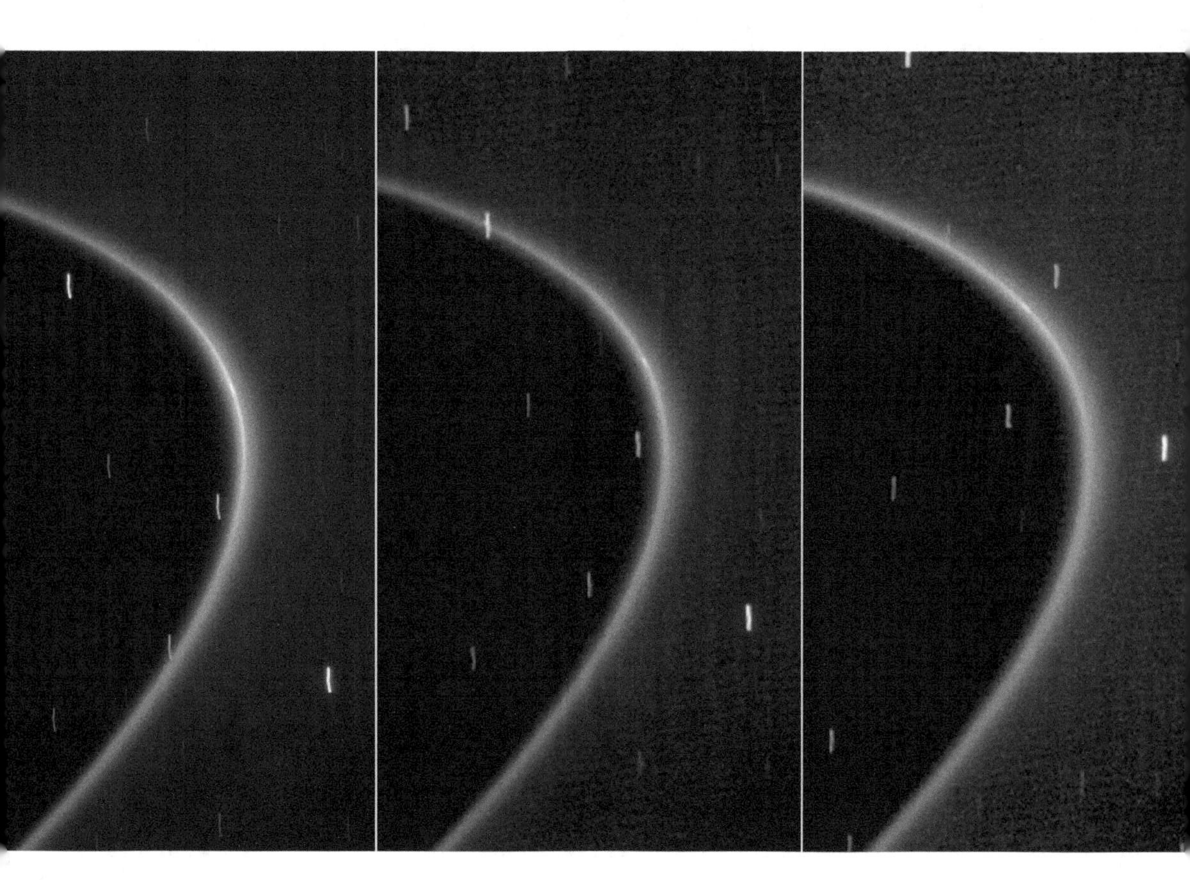

▲　G 环亮弧

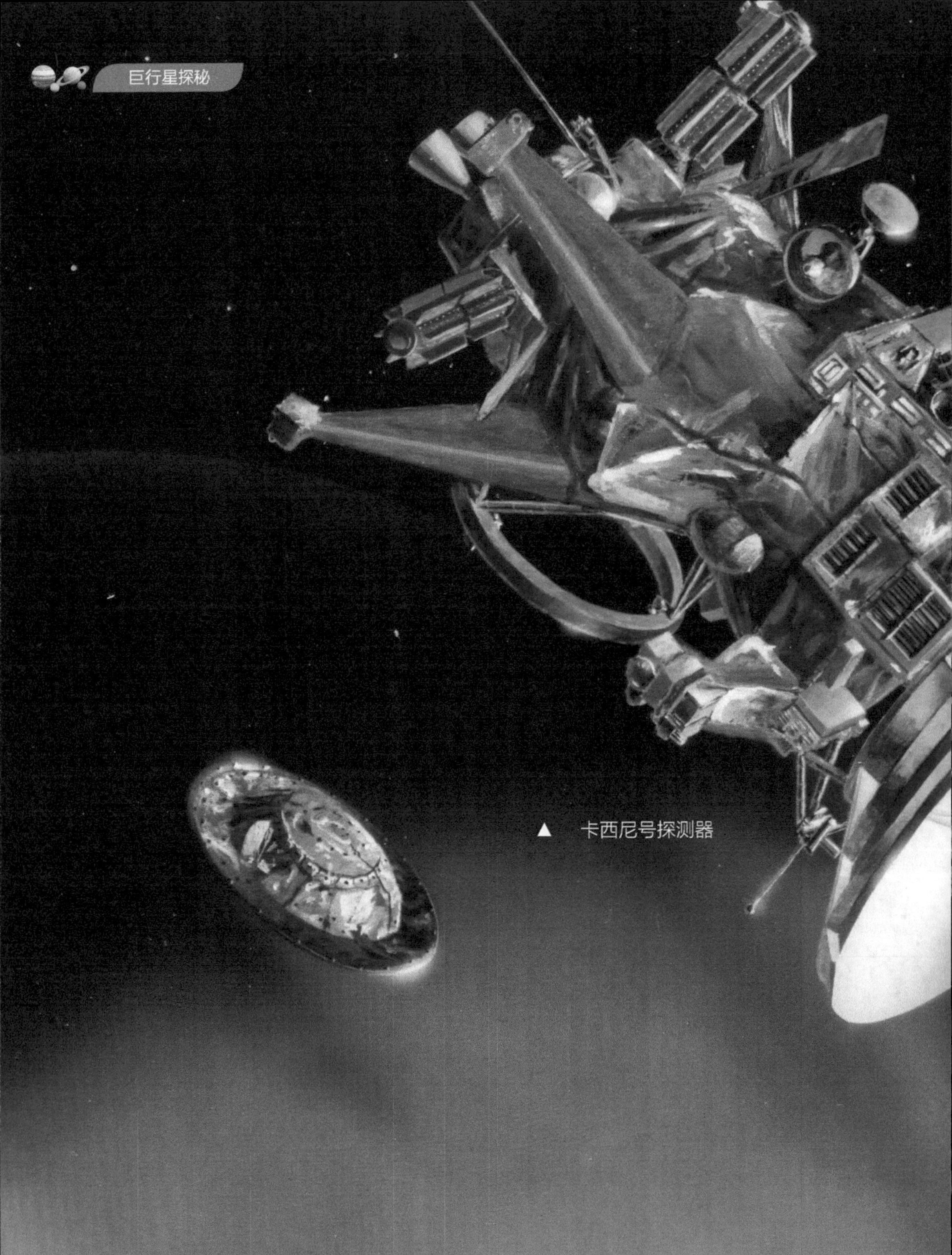

▲ 卡西尼号探测器

卡西尼号探测器有哪些特点?

卡西尼号探测器具有三大特点：

● 高 6.8 米，直径 4 米，是目前最大、最复杂的行星际探测器。

● 仪器多，共携带了 12 个科学仪器，其中光学遥感器 4 个，粒子与波探测器 6 个，微波遥感器 2 个。

● 携带三个放射性同位素热电电源供电，在基本任务完成后，这种电源仍能提供 600 ～ 700 瓦的电能。

卡西尼号探测器怎样飞越土卫二和土卫六?

截至 2012 年 5 月 2 日，卡西尼号探测器飞越土卫二 19 次，对土卫二的间歇式喷泉进行了详细观测研究。截至 2015 年 5 月 7 日，卡西尼号探测器已经飞越土卫六 111 次，获得了土卫六大气层和表面特征的丰富资料。

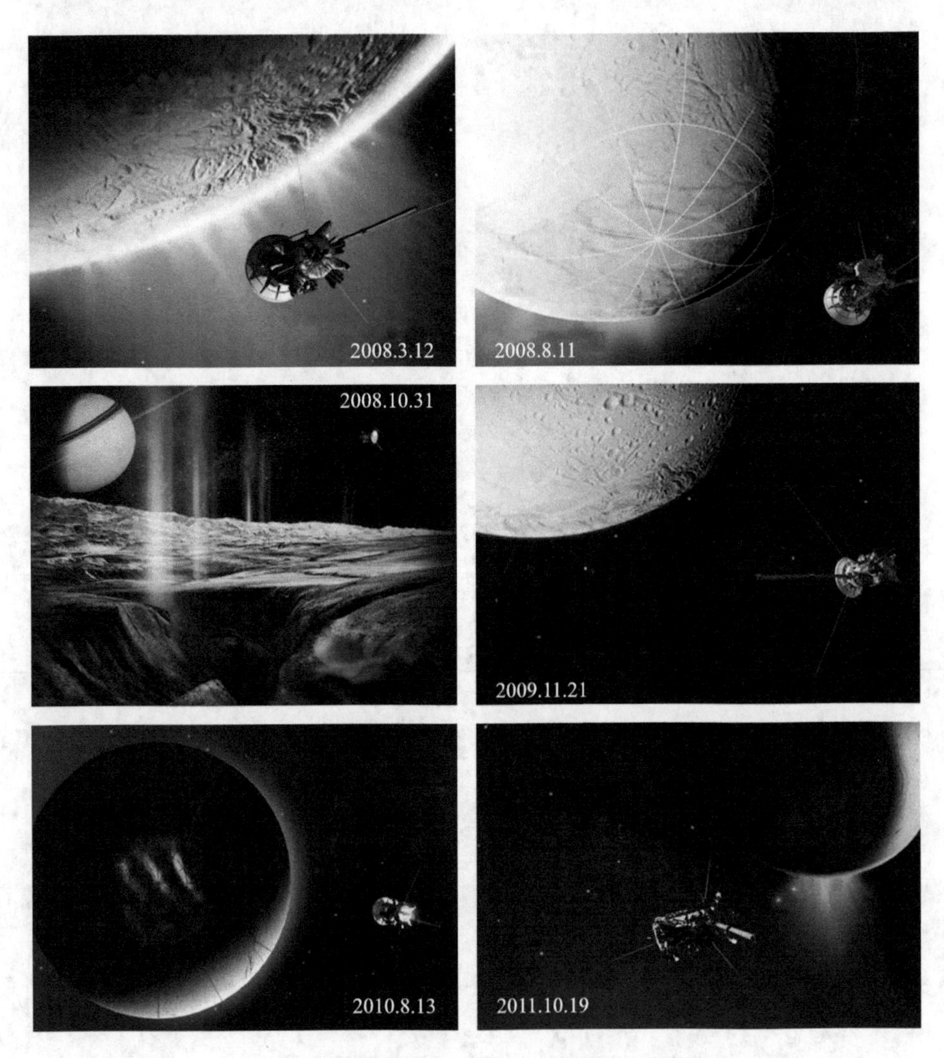

▲ 卡西尼号探测器飞越土卫二的部分宣传画

▲　卡西尼号探测器飞越土卫六的部分宣传画

卡西尼号探测器有哪些节日祝福画面?

卡西尼号探测器在探测土星系统时，每逢传统节日到来，卡西尼系统的管理者就会发布以土星系统为背景的宣传画，让人们记得在远方探索的卡西尼号和它所探索的目标。

▲ 来自卡西尼号探测器的节日祝福，你能指出它们分别是哪个节日吗?

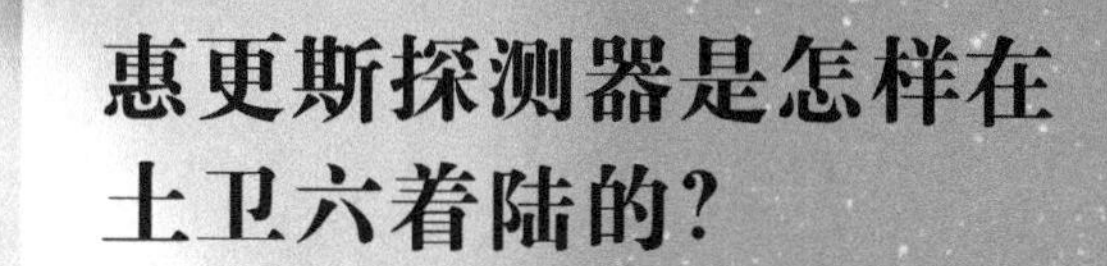

惠更斯探测器是怎样在土卫六着陆的?

惠更斯探测器于2004年12月25日与轨道器分离，于2005年1月14日以6.1千米/秒的速度进入土卫六大气层，在大气层中飞行2小时27分13秒，降落到土卫六表面后，仪器工作了1小时12分9秒。着陆地点为南纬10.2°，西经192.4°。

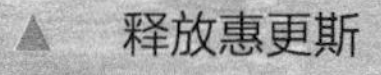

▲ 释放惠更斯

惠更斯探测器在下降期间使用了 3 个降落伞。当探测器上的加速度计在接近减速阶段末探测到速度是 1.5 马赫时，展开一个 2 米直径的导向伞，拉出后罩，接着展开 8.3 米直径的主降落伞。在主伞展开大约 30 秒后，探测器的速度从 1.5 马赫降低到 0.6 马赫。探测器缓慢下降大约 15 分钟后，在此期间开始科学测量。随后主伞与探测器分离，并释放一个 3 米直径的锥形伞，使探测器下降更快，到达表面的撞击速度大约为 5 米 / 秒。

惠更斯探测器携带的科学仪器包括：多普勒风实验仪器，通过对探测器下降期间的效应研究土卫六的风；表面科学仪器，研究土卫六表面的物理性质；下降成像仪和光谱辐射计，在土卫六的大气层和表面对粒子成像和温度进行测量；惠更斯大气结构仪器，探索土卫六大气层的结构和物理性质；气体色谱仪和质谱仪，测量土卫六大气层气体和悬浮粒子的化学成分；气溶胶收集器热解仪，检验土卫六大气层的云和悬浮粒子。

◀惠更斯探测器下落过程

▼ 惠更斯探测器着陆过程中拍摄的土卫六表面图片

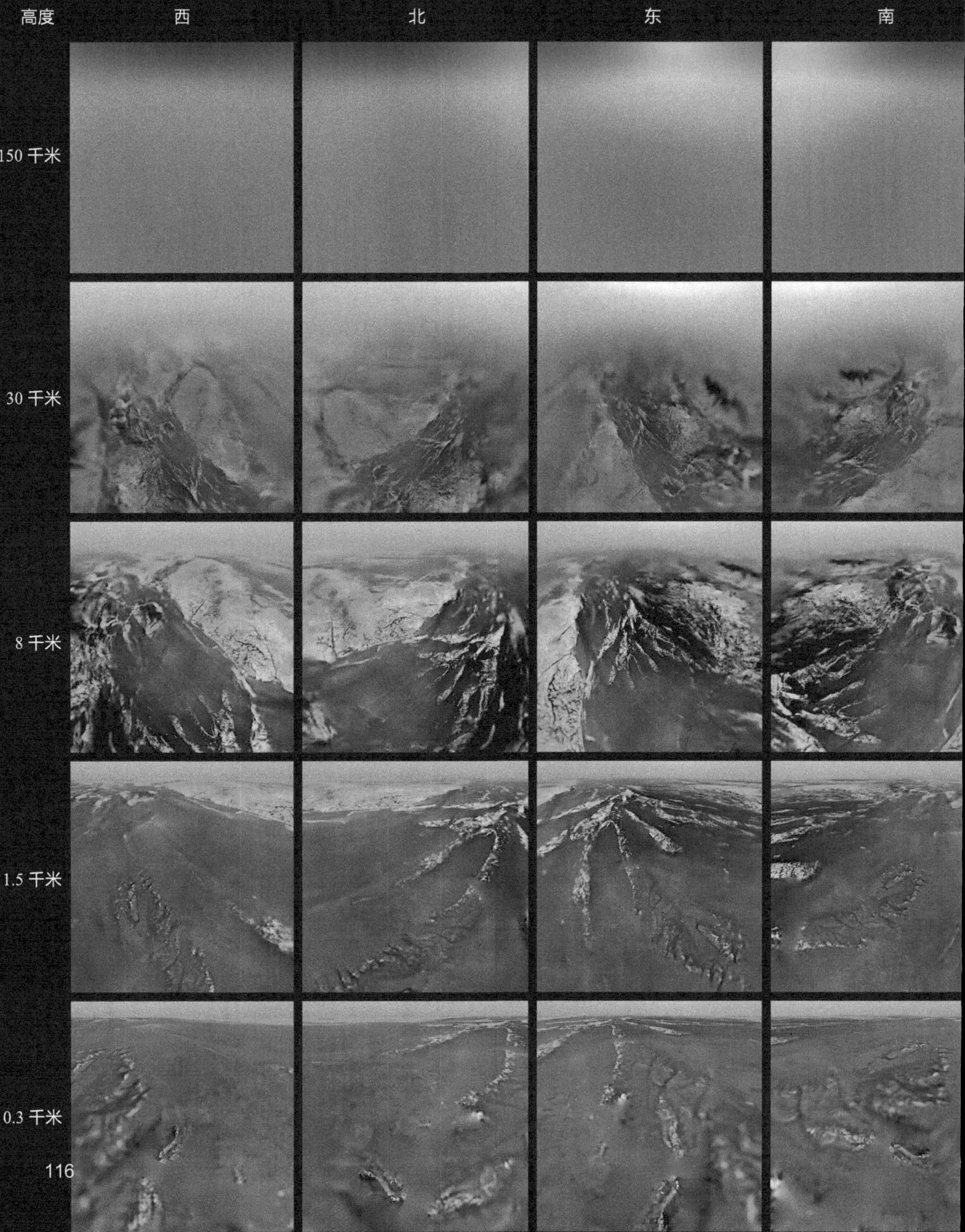

高度 西 北 东 南

150 千米

30 千米

8 千米

1.5 千米

0.3 千米

泰坦－土星系统任务的目标是什么?

泰坦－土星系统任务（TSSM）是 NASA 与 ESA 的合作项目，目的是探索土卫六泰坦、土卫二和土星。整个任务由轨道器、气球和着陆器构成，计划于 2020 年发射。

轨道器到达土星附近后，将先飞越土卫二，然后抛出土卫六着陆器，降落在土卫六的海面上，直接探测土卫六液体海洋的成分，计划工作 9 小时。然后释放气球，在距离土卫六表面一定高度上飞行，计划探测 6 个月。轨道器将在适当时机切入土卫六轨道，对土卫六进行深入探测。

▲　泰坦 - 土星系统任务

第4章

躺在轨道平面上的行星

天王星如此与众不同——有倾倒众生之态，携众环之姿。

天王星有多大？

天王星（Uranus）小档案

①距太阳 19.19AU。

②公转周期是 83.75 年。

③自转周期是 17.24 小时。

④赤道半径是地球的 4.01 倍，质量是地球的 14.54 倍。

⑤平均密度是水的 1.27 倍，是地球的 0.23 倍。

⑥表面重力加速度是地球的 0.91 倍。

⑦平均表面温度为 58K。

天王星是怎样命名的？

天王星的英文名称来自希腊神话中的天空之神乌拉诺斯（Uranus），是行星英文名称中唯一取自希腊神话的行星。

天王星的天文学符号是火星和太阳符号的组合，因为天王星是希腊神话的天空之神，被认为是由太阳和火星联合的力量所控制的。

早在 1690 年，天王星即被人类观测到，但一直被当作恒星看待，直到 1781 年 3 月，天王星才被确认为是一颗行星。

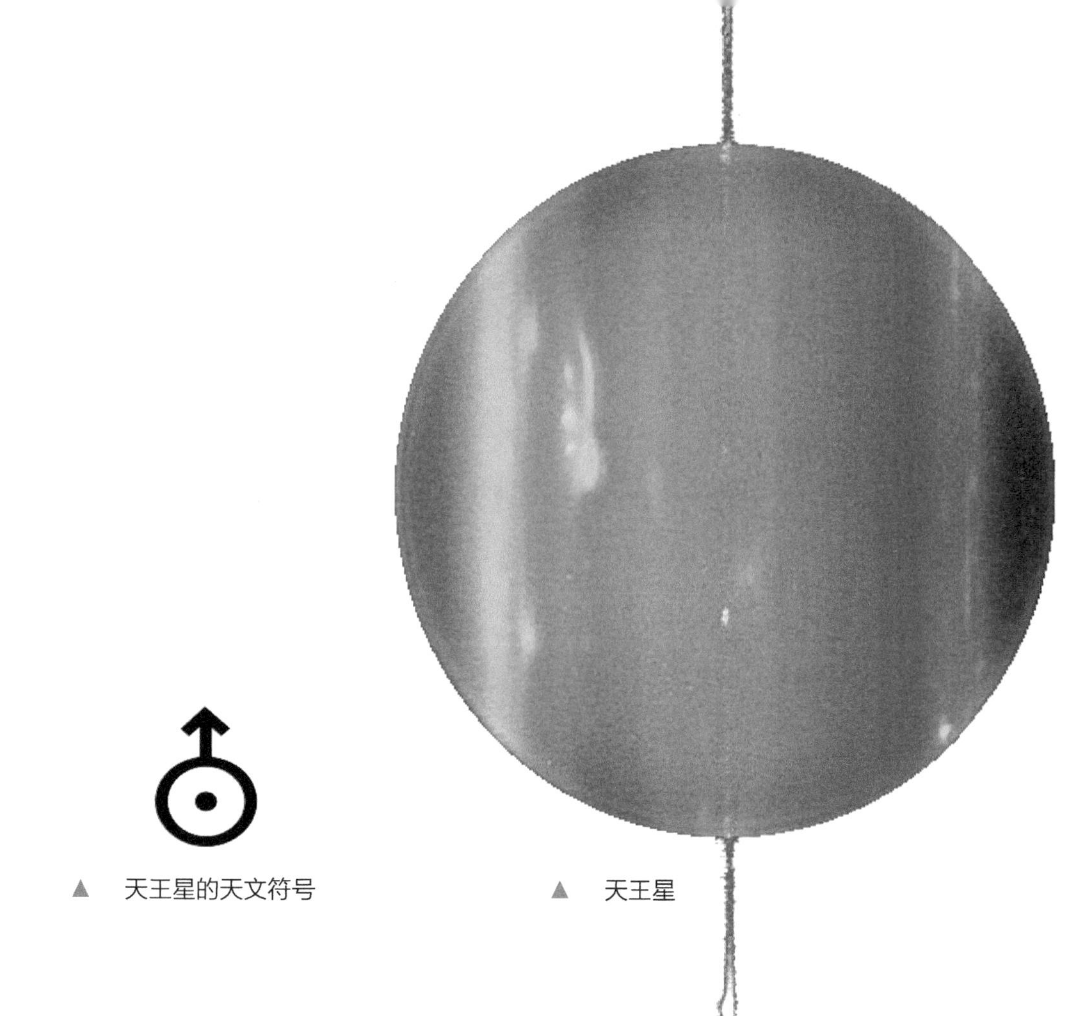

▲ 天王星的天文符号

▲ 天王星

天王星的自转轴为什么如此倾斜?

天王星最显著的特征是它的自转轴倾斜程度较大，其轨道倾角为97.92° 。它是太阳系中唯一一颗侧着自转的行星。它的轨道为何如此倾斜呢?传统解释是“撞击说”，天王星在形成过程中，与一大团吸积物质发生碰撞，导致它向一边倾斜。但用数学方法推算这个过程时，发现根本说不通。如果要将天王星撞成这样的倾斜度，需要一个体积足够大、速度足够快、撞击力足够强的星体，而这样的星体很难找到。相对于撞击说，科学家现在更相信天王星的倾斜是受临近的巨大行星的引力牵引所致。天王星的倾斜由土星、海王星，甚至木星间复杂的相互作用造成的。这些星体彼此间存在引力，它们之间的相互影响比我们过去认为的更微妙。由于天王星的自转倾角大于 90° ，有时北极指向太阳，半个公转周期之后，南极指向太阳，这样极区交替进入长达 42 个地球年的极昼。

想象一下，如果地球也像那样倾斜，赤道上的热带雨林将变为冰川，北极圈在夏季会变成湿气弥漫的热带天堂。

为什么天王星的大气层是个巨大的冰激凌?

天王星大气层的主要成分是氢和氦，分子氢占 82.5%，氦占 15.2%，甲烷占 2.3%。由于大气中甲烷的吸收，天王星呈浅绿色。

天王星是太阳系内大气层最冷的行星，最低温达到 –224℃，因此有人将天王星的大气层称为巨大的冰激凌。

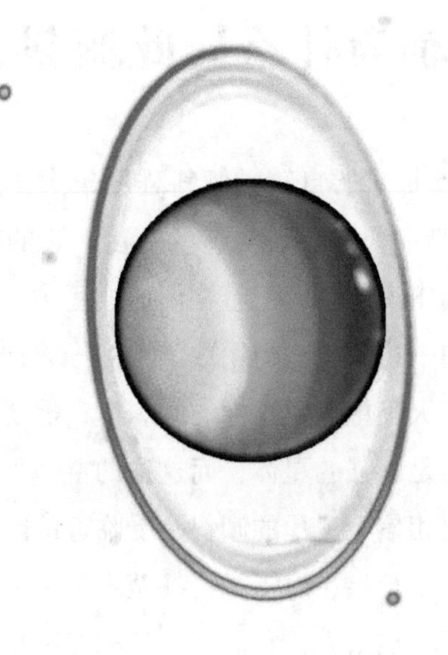

▲ 天王星的大气层

天王星的内部是什么样儿的?

天王星的质量在类木行星中是最小的，它的密度只比土星高一些，直径虽然与海王星相似，但质量较低。这些测量结果显示它主要由各种挥发性物质，如水、氨和甲烷组成。天王星内部冰的总含量还无法精确地知道，根据选择模型的不同而有不同的结果，范围在地球质量的 9.3 ～ 13.5 倍；氢和氦在其中只占很小的部分，为地球质量的 0.5 ～ 1.5 倍。

天王星的标准结构模型分为三层，由里向外依次为核、幔和大气层。其中，核由岩石组成，质量是地球的 0.55 倍，半径不到天王星的 20%，非常小，密度大约是 9 克每立方厘米；在核和幔交界处的压力是 800 万巴，温度大约为 5000K；幔是由水、氨和其他挥发性物质组成的热且稠密的流体，质量大约是地球的 13.4 倍，幔中的流体具有高导电性，被称为“水 – 氨的海洋”；大气层由氢、氦组成，大小不十分明确，大约占 20% 的半径，但质量大约只有地球的 50%。

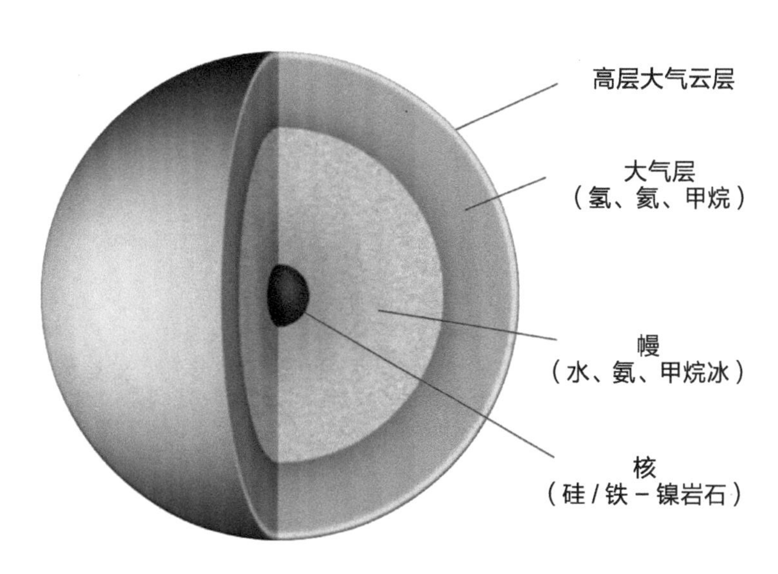

▲　天王星的内部结构

天王星的环是什么样的?

天王星至少有 13 个光环，从内至外，分别是 ζ/R1986U2、6、5、4、α、β、η、γ、δ、λ、ε、ν 和 μ。这些环被分成 3 组：9 个为狭窄主环（6、5、4、α、β、η、γ、δ、ε）、2 个为多尘环（ζ/R1986U2、λ），以及 2 个为外环（ν、μ）。下图中虚线表示卫星的轨道，实线表示环。与土星的宽环不同，天王星的环又窄又暗。现在人们还不清楚天王星的环是如何形成的，也许是其卫星（至少 27 颗）相互碰撞的结果。

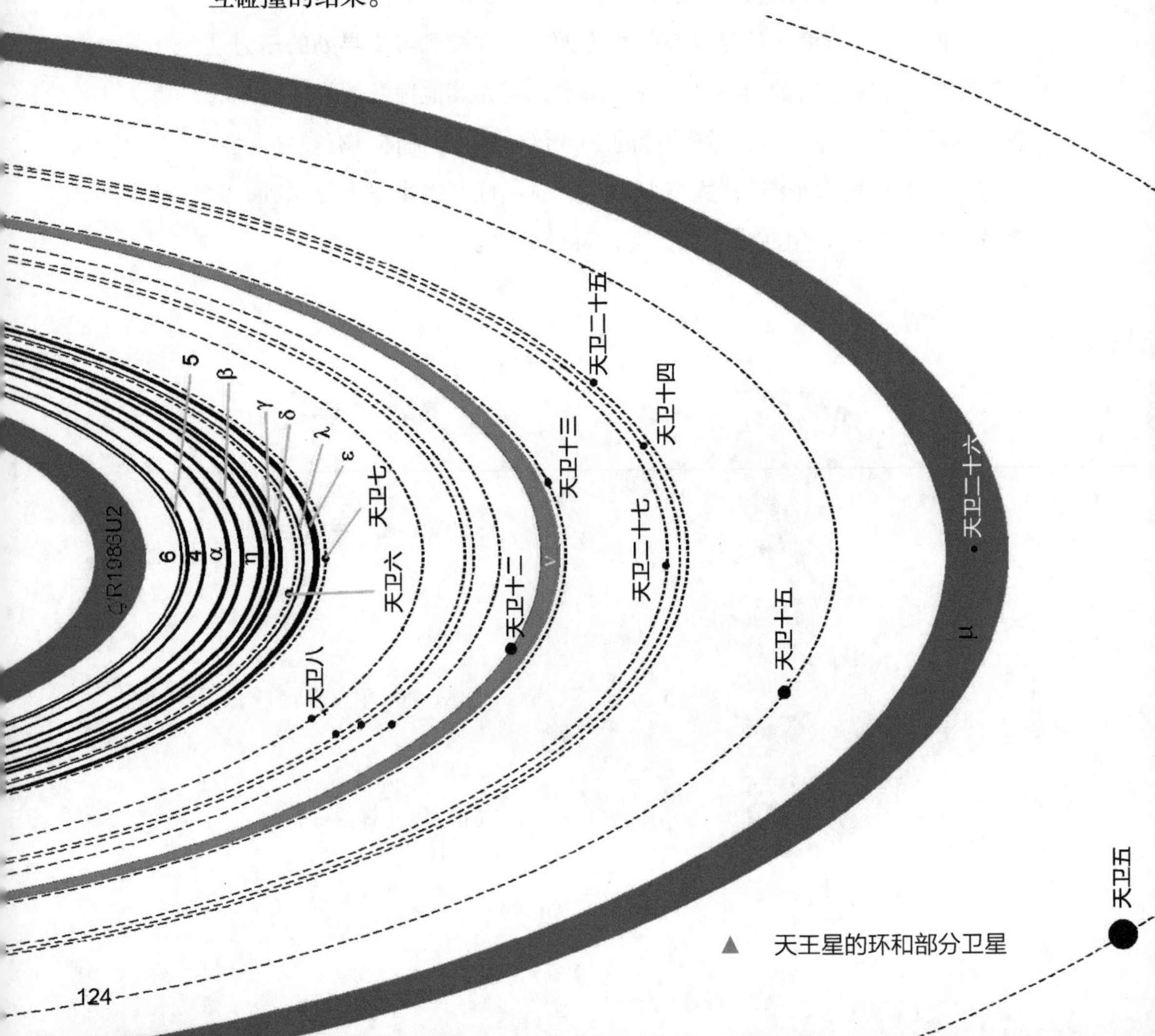

▲ 天王星的环和部分卫星

天王星与土星的环相比有什么特点?

与土星的环相比，天王星的环多，但构成环的物质反照率低，环比较窄，因此看上去暗淡，不如土星的环鲜艳。

▲　土星的环

▲　天王星的环

天王星有多少颗卫星？

天王星拥有 27 颗已知的天然卫星，以威廉·莎士比亚和亚历山大·蒲柏作品中的人物命名。它们被分作 3 群：13 颗内圈卫星、 5 颗主群卫星和 9 颗不规则卫星。内圈卫星为暗黑色的小天体，与天王星环有着相同的属性和来源。5 颗主群卫星的质量足够大（5 大卫星质量总和占所有卫星总质量 99.9%），外形为近球体，其中 4 颗显示出内部活动的痕迹，如形成峡谷和火山喷发。

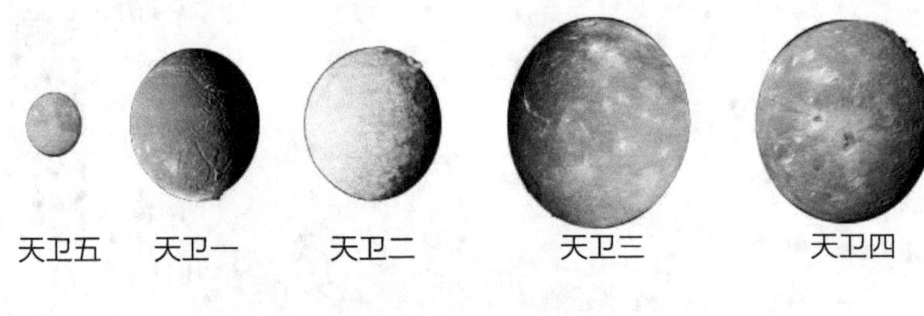

▲ 天王星的 5 颗卫星与天王星的大小比较

天卫五的地形地貌有哪些特征？

天卫五的地形地貌具有五大特征：撞击坑、冕状物、地质区、悬崖和沟槽。天卫五的表面主要是碎冰、低密度硅酸盐和有机化合物组成的岩石，残破犹如补丁，且有巨大的峡谷交叉往来于表面，这表明在天卫五上曾经有过强烈的地质活动。

▲　天卫五的表面

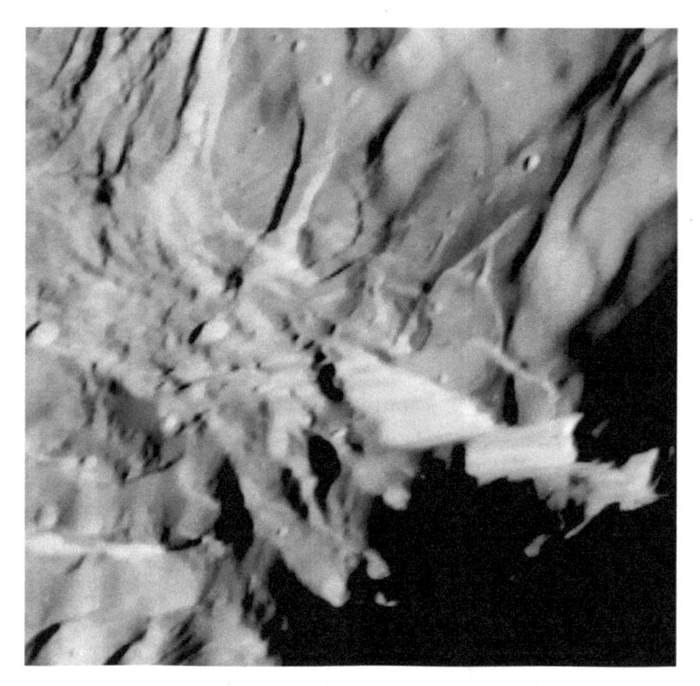

▲　天卫五的维罗纳大悬崖，高达 5 ~ 10 千米，是天卫五最高的悬崖，也是太阳系中最高的峭壁。

第5章

太阳系第二颗蓝色星球

海王星总有神秘莫测之感，人类对它的好奇心更甚：为什么它和地球一样是蓝色的，海王星上真有海吗……

这里都有答案！

海王星有哪些突出特征?

海王星以罗马神话中的尼普顿命名，因为尼普顿是海神，所以中文译为海王星。其天文学符号是希腊神话中海神波塞顿使用的三叉戟。海王星最突出的特征是鲜艳的蓝色、巨大的黑斑和巨大的风暴。

▲ 海王星

▲ 海王星的天文学符号

海王星（Neptune）小档案

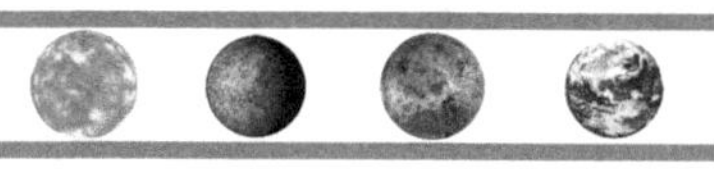

①太阳系中距离太阳最远的行星，距太阳 30.07AU。

②轨道偏心率为 0.009，轨道倾角为 1.77°。

③质量是地球的 17.15 倍。

④赤道半径是地球的 3.88 倍。

⑤表面重力加速度是地球的 1.14 倍。

⑥轨道周期大约相当于 164.79 个地球年。

海王星是怎样被发现的？

自 1781 年英格兰的威廉·赫歇尔发现了天王星，人们一直认为天王星是太阳系中最后的一颗行星。后来，天文学家开始注意到天王星的行动十分古怪，它围绕太阳公转的速度不均匀，有时运动得快，有时又运动得比较慢，天文学家们对此感到好奇。1841 年，英格兰的一位大学生约翰·库奇·亚当斯看到了有关天王星奇特运动的报道，决定对这个现象加以研究。1845 年，亚当斯从数学上证明了还有一颗遥远的、不为人们所知的行星及它应该在的位置。他把他的发现提交给英国的格林尼治皇家天文台，但没人认真理会他的发现。当时，另外一位数学家于尔班·让·约瑟夫·勒维耶正在法国工作，他也在探索太阳系远处存在另外一颗行星的可能性。他的发现与亚当斯的发现十分近似。勒维耶把他的发现告诉了柏林的乌兰尼亚天文台。天文台的台长伽勒于 1846 年 9 月 23 日收到了报告。他立刻采用了这份资料，并和他的助手根据勒维耶提供的情况把天文台的望远镜对准了那颗行星应该出现的方位。当天晚上他们就发现了一颗行星。在天空中，它看上去是一个渺小而模糊的蓝绿色光点。

海王星是怎样命名的?

海王星名字的确定经历了一番波折。在发现之后的一段时间，海王星被称为“天王星外的行星”或“勒维耶”。第一个建议为海王星命名的是德国天文学家、海王星的发现者伽勒，他建议将其命名为“Janus”（罗马神话中看守门户的双面神）；而英国剑桥天文学教授查理士建议将之命名为“Oceanus”；法国天文学家阿拉戈建议将之称为“勒维耶”，而当时法国天文年历以“赫歇尔”称呼天王星，勒维耶则建议以“Neptune”（海王星）作为新行星的名字；英国天文学家亚当斯建议将天王星的名字改为“乔治”；俄国天文学家斯特鲁维支持勒维耶建议的名称。最终，“Neptune”成为国际上被接受的新名称，这也遵循了行星都以神话中众神之名命名的原则。

海王星的大气层有哪些特征?

海王星有稠密的大气，主要成分是氢（占 80%）、氦（占 19%）和甲烷（微量），也含有氨冰、水冰和甲烷冰。海王星的蓝色是大气中甲烷吸收了日光中的红光并散射蓝光造成的。

海王星没有固体表面，为分析问题方便，常将海王星的“表面”定义为压强与地球海平面压强相等的高度。海王星大气层主要分为两个区域：在表面以上是对流层，随着高度上升，对流层的温度降低；另一个层是平流层，温度随高度上升而增加。

海王星的云层随高度而变化。低温使甲烷云凝结在大气层的最高层，在下面是硫化氢云、硫化铵云和水蒸气云。在大气压大约 50 巴的高度处发现了水冰云。

▲　海王星的云

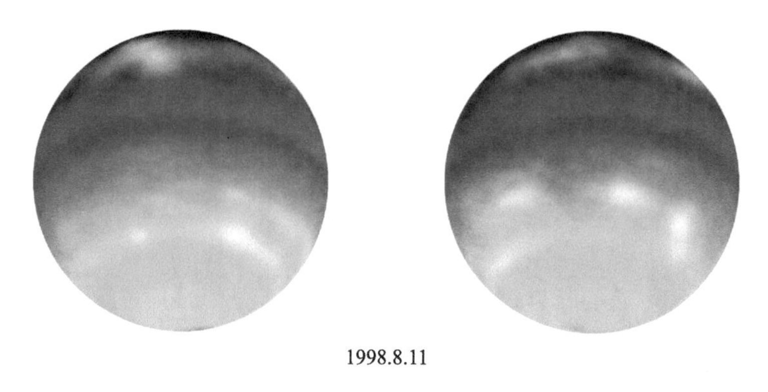

1998.8.11

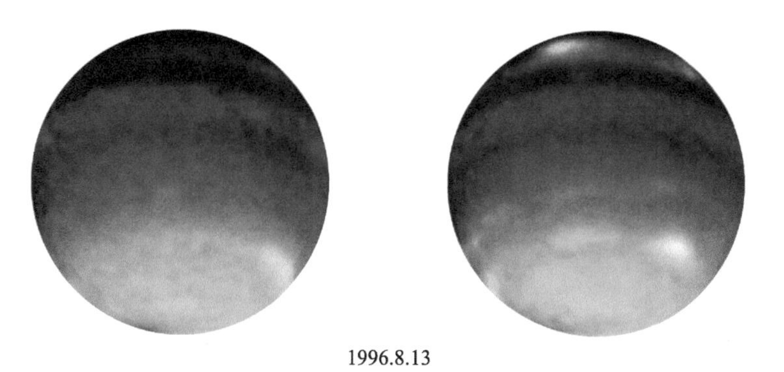

1996.8.13

▲　哈勃空间望远镜拍摄的海王星表面亮度的变化，亮度增加反映了云的增加。

海王星在较高处也有云，这些烟状的云是由碳氢化合物组成的，很像地球城市上空的烟雾。

海王星的云有哪些变化特征?

海王星表面亮度的变化实际上反映了云的变化。下图中左数前 4 列分别显示了在 0、1/4、1/2 和 3/4 自旋时的亮度特征，最后一列分别显示了在 30°S、45°S 和 67°S 的经度平均值。

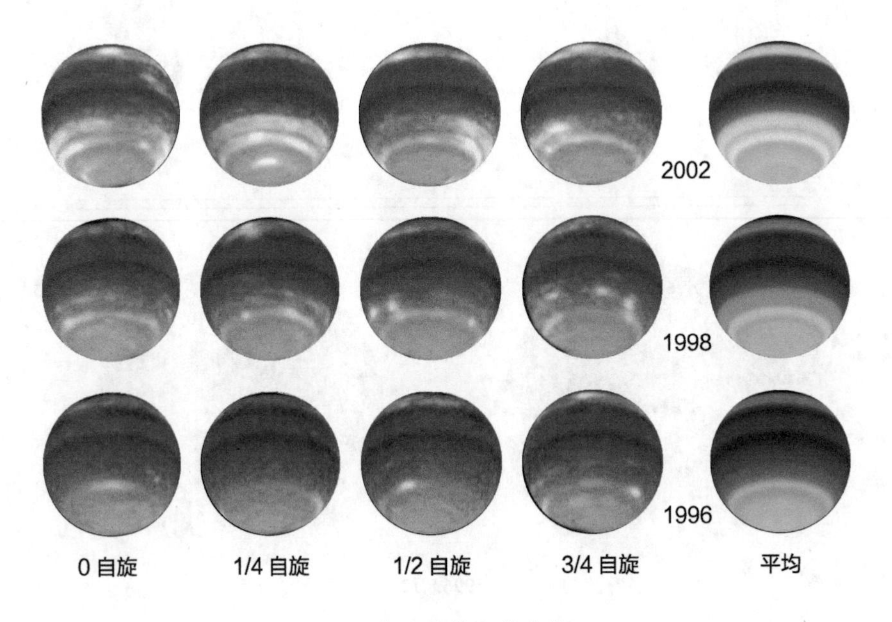

▲ 海王星的云的变化

海王星的巨大风暴是什么样的?

海王星的大气有太阳系中速度最快、运动极为剧烈的风暴，其风速达到超声速，甚至达到约 2100 千米 / 小时。在赤道区域，风速能达到约 1200 千米 / 小时。而根据目前世界气象组织所建议的分级，地球上 12 级风的风速只有约 118 千米 / 小时。

海王星接收到的太阳能只有地球接收到的 1/900，但却拥有近 600 米 / 秒的风速。海王星如何保持超声速风仍然是一个未知的谜。

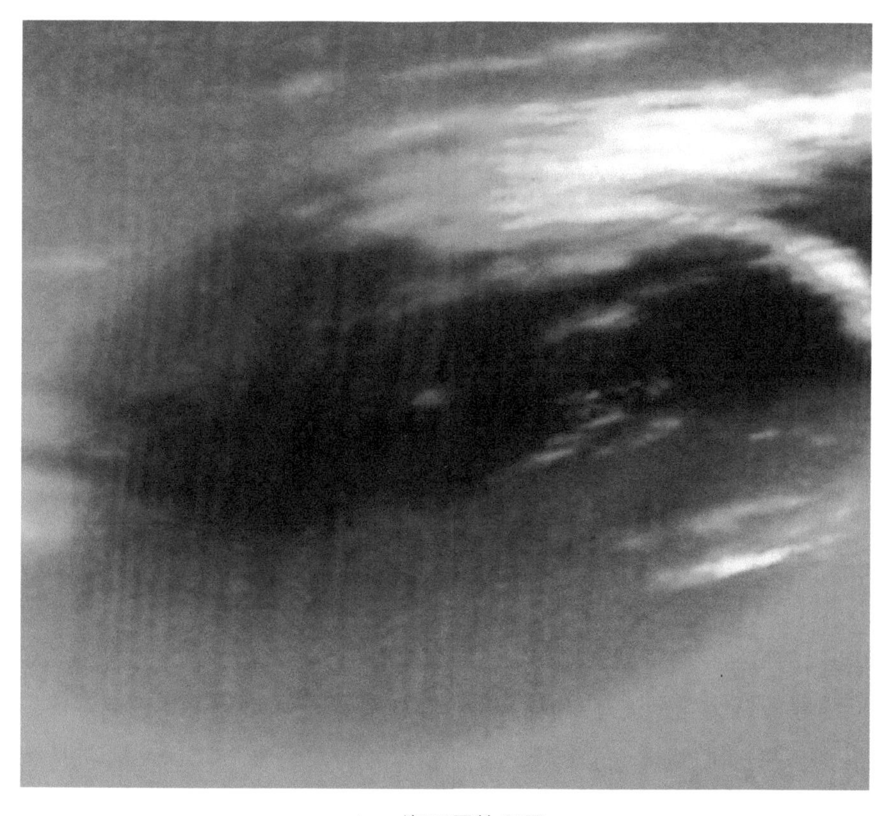

▲　海王星的风暴

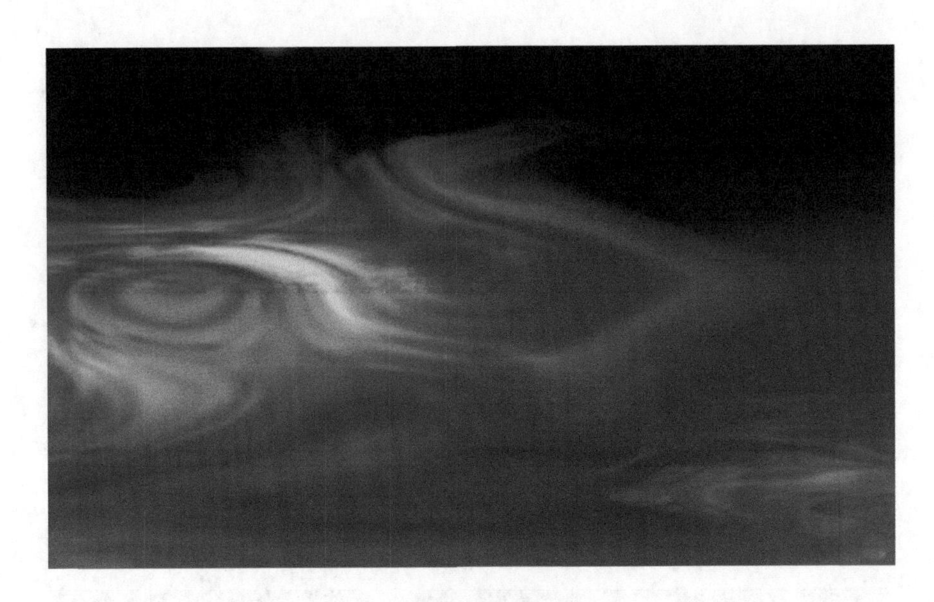

▲ 海王星的风暴

海王星的大黑斑有哪些特征？

与木星的大红斑类似，海王星有一个大黑斑。旅行者号探测器发现的大黑斑大小如地球，位于赤道附近，并且非常像木星上的大红斑，但更为接近的观察显示它是黑暗的，并呈向海王星内部凹陷的椭圆形。尽管围绕大黑斑的风速高达每小时 2400 千米，是太阳系中最快的风，但大黑斑并不是风暴，而被认为是海王星被甲烷覆盖时产生的一个洞孔，与地球上的臭氧洞类似。

在海王星不同时期的照片上，大黑斑有着不同的大小和形状。而 1994 年哈勃空间望远镜再度拍摄海王星时，大黑斑竟然完全消失不见。天文学家认为它是被遮盖或消失了。然而，另一个几乎相同的斑点涌现在海王星的北半球，这个新的斑点被称为北大黑斑（NGDS），被持续观测了数年之久。

海王星有来自内部的热量吗?

海王星离太阳比天王星更远，接收到的阳光只有天王星的 40%，但是其表面温度却与天王星的表面温度几乎相等。这说明海王星有内部热源为自身提供热量。测量结果表明，天王星辐射的热量是其接收到的太阳能的 1.1 倍，而海王星是 2.61 倍。

目前，海王星的内部热源还不确定，有可能是行星内核的放射热源，也有可能是行星生成时吸积盘（吸积盘是一种由弥散物质组成的，围绕中心体转动的结构）塌缩能量的散热，还有可能是重力波对平流圈界面的扰动。

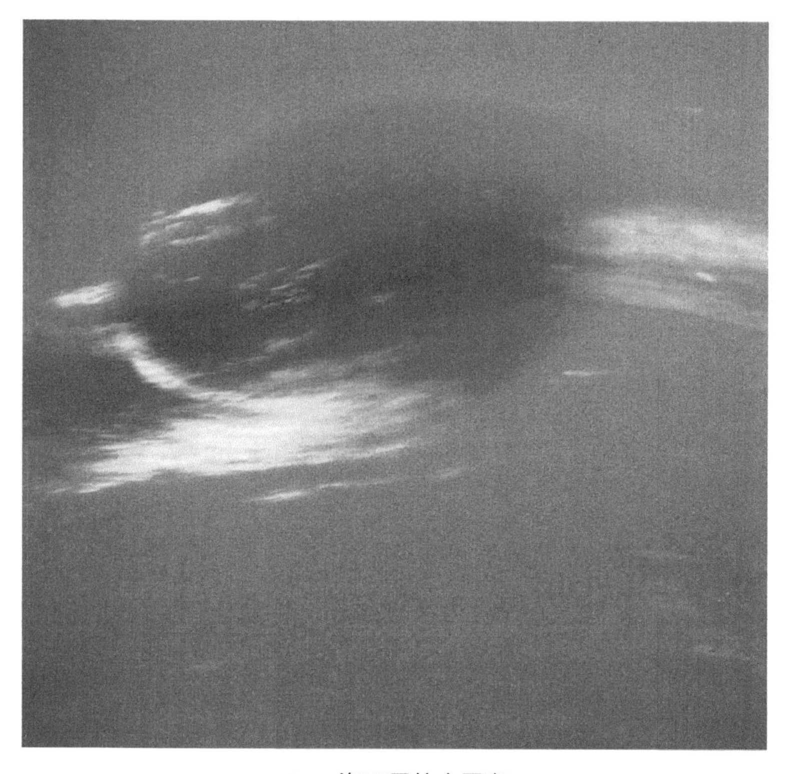

▲　海王星的大黑斑

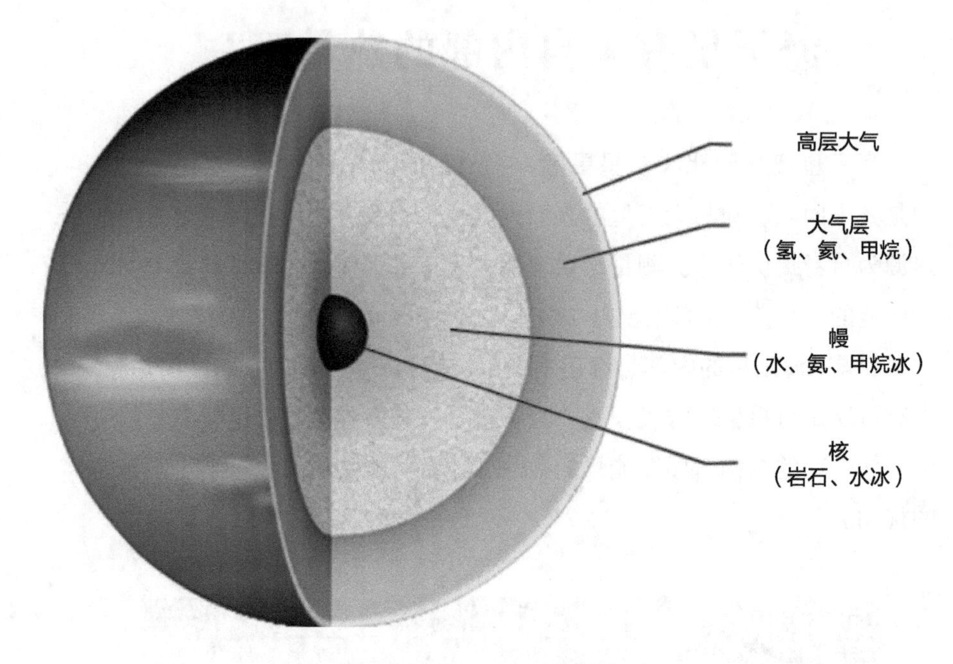

▲ 海王星的内部结构

海王星有深海吗?

海王星内部结构和天王星相似，核是一个质量大概不超过一个地球，由岩石和冰构成的混合体。幔总质量相当于 10 ～ 15 个地球质量，富含水、氨、甲烷和其他成分。作为行星学惯例，尽管它其实是高度压缩的过热流体，这种混合物仍被叫作冰。这种具有高导电性的流体通常也被叫作“水 – 氨的海洋”。

海王星的环有什么特点?

海王星有 5 个主要的行星环。虽然在 1846 年这些环就被提及，但

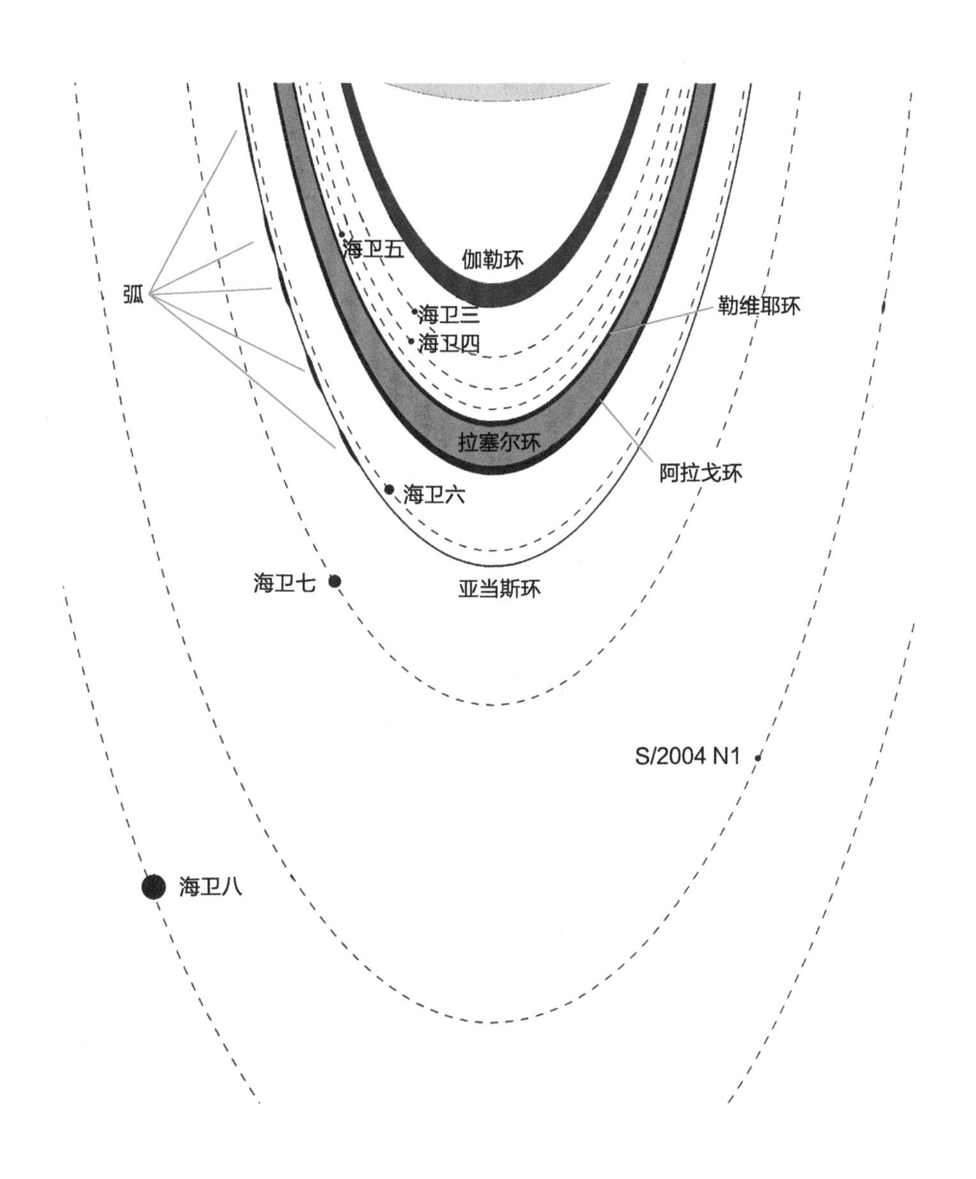

▲　海王星的环

是它第一次被观测到是在 1984 年，它们的第一张照片是 1989 年由旅行者 2 号探测器拍摄的。在地球上观测到的海王星的环是不完整的光环，呈暗淡模糊的圆弧状。旅行者 2 号探测器近距离观察发现，这些环由尘埃构成，十分微弱，很像木星环或天王星环，但比木星环要纤细得多。

为纪念对发现海王星做出重大贡献的 5 个人，海王星的 5 个环以这五个人的名字命名，分别是伽勒环、勒维耶环、拉塞尔环、阿拉戈环和亚当斯环。

海王星有哪些卫星?

海王星拥有 14 颗已知的天然卫星，其中最大的卫星是海卫一，它在海王星被发现后 17 天即被发现。

在海卫一轨道内侧有 6 颗“不规则卫星”，轨道均为顺行，轨道倾角不大。其中有些运行于海王星环间。

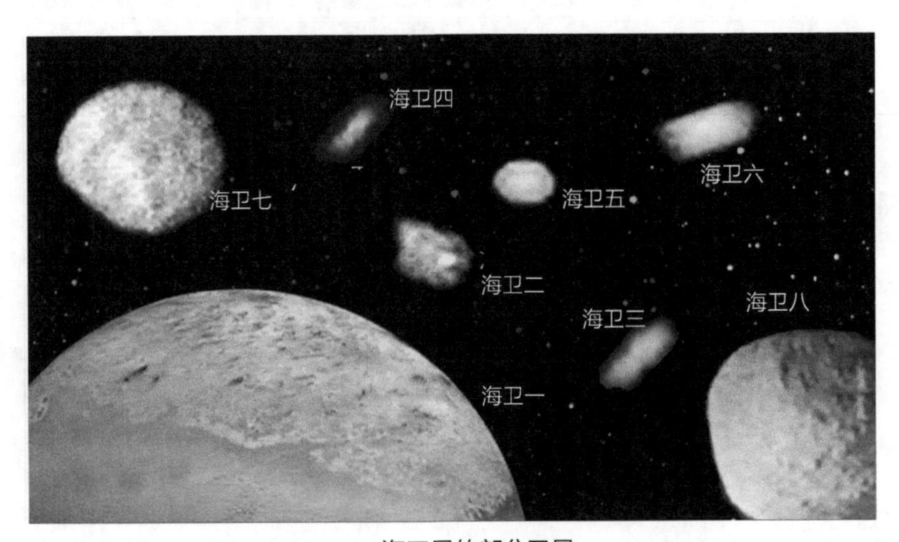

▲ 海王星的部分卫星

海王星还有 6 颗外圈“不规则卫星”，它们距离海王星更远，而且轨道倾角很大，包括顺行和逆行的卫星。于 2002 年和 2003 年发现的海卫十和海卫十三拥有太阳系中最长的卫星轨道。它们公转需 25 年，轨道平均半径为地球和月球距离的 125 倍。

海卫一有哪些特征？

（1）海卫一是海王星最大的卫星，外表为近球体形状。

（2）海卫一是太阳系中最冷的天体之一。

（3）“鹤发童颜”：海卫一具有地质复杂却相对年轻的表面。

（4）轨道特别：海卫一的轨道为正圆的逆行轨道，即其轨道公转方向与海王星的自转方向相反，轨道倾角也很大。海卫一并不是唯一具有逆行轨道的卫星（木星和土星的一些外部小卫星以及天王星最外部的3颗卫星均为逆行卫星），但却是这些卫星中最大的，其余逆行卫星中最大的土卫九的直径只有海卫一的8%，其质量只有海卫一的0.03%。逆行的卫星不可能与其行星同时在太阳星云中产生，因此海卫一可能是被海王星捕获的开伯带天体。

（5）海卫一含有15%～35%的固态冰及其他岩石物质。

（6）它拥有一层稀薄大气，其主要成分是氮，还含有少量甲烷，整体大气压约为0.01毫巴。

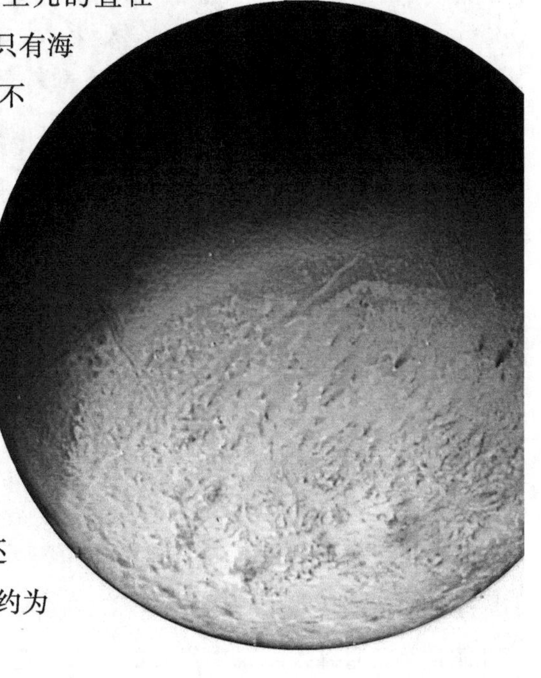

▲ 海卫一表面

海卫一的火山喷发是什么样的？

海卫一的冰火山喷发时可以达到8千米的高度，喷发物中含有液氮、灰尘或甲烷。海卫一的火山活动据估计是由季节性的太阳照射造成的，而不是潮汐作用。

海卫一表面有非常错综复杂的山脊和峡谷地形，这些地形可能是通过不断地融化和冻结形成的。

旅行者 2 号于 1989 年 8 月 25 日拍摄到海卫一图片，在这张图片中，最小可见特征大约是 4 千米。一些特征可能是火山沉积而成，如在峡谷旁边平坦的、暗色的物质。条纹本身似乎源于很小的圆形源，一些是白色的，像是图中心附近明显的条纹的源。这种源可能是小的具有喷发活动的火山喷泉。颜色可能是源于发光的甲烷，从粉红色到红色，氮是白色。

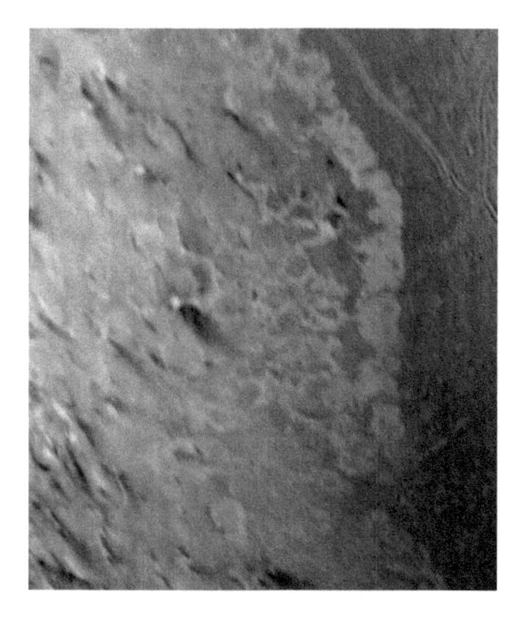

▲　海卫一上的冰火山

编辑手记

拿什么奉献给你，我的读者？

——陆彩云

从神舟五号、六号载人飞船到神舟十号载人飞船，从嫦娥一号人造卫星到嫦娥五号探测器，从天宫一号空间实验室到即将发射的天宫二号空间实验室，全民对太空领域的关注达到了前所未有的高度，广大青少年对太空知识的兴趣也被广泛调动起来。但是，适合青少年阅读的书籍却相当有限。针对于此，我们有了做一套介绍太空知识的丛书的想法。机缘巧合，北京大学的焦维新教授正打算编写一套相关丛书。我们带着相同的理想开始了合作——奉献一套适合青少年读者的太空科普丛书。

虽然适合青少年阅读的相关书籍有限，但也有珠玉在前，如何能取其精华，又不落窠臼，有独到之处？我们希望这套作品除了必需的科学精神，也带有尽可能多的人文精神——奉献一套既有科学精神又有人文精神的作品。

关于科学精神，我们认为科普书不只是普及科学知识，更重要的是要弘扬科学精神、传播科学品德。在图书内容上作者和编辑耗费了大量心血。焦教授雪鬓霜鬓，年逾古稀，一遍遍地翻阅书稿，对编辑提出的所有问题耐心解答。2015年8月，编辑和作者一同在国家知识产权局培训中心进行了为期一周的封闭审稿，集中审稿期间，他与年轻的编辑一道，从曙色熹微一直工作到深夜。这所有的互动，是焦教授先给编辑们上了一堂太空科普课，我们不仅学到知识，也深刻感受到老学者的风范：既严谨认真、一丝不苟，又风趣幽默，还有“白发渔樵，老月青山”的情怀。为了尽量提高内容的时效性，无论作者还是编辑，都更关注国内外相关研究的进展。新视野号探测器飞越了冥王星，好奇号火星车对火星进行了最新探测……这些都是审稿期间编辑经常讨论的话题。我们力求把最新、最前沿的内容放在书里，介绍给读者。

关于人文精神，我们主要考虑介绍我国的研究情况、语言文字的适合性和版式的设计。中国是世界上天文学起步最早、发展最快的国家之一，我们必须将我国的天文学发展成果作为内容：一方面，将一些历史上的研究成果融入书中；另一方面，对我国的最新研究成果，如北斗卫星、天宫实验室、嫦娥卫星等进行重点介绍。太空探索之路是不平坦的，科学家和航天员享受过成功的喜悦，也承受过失败的打击，他们的探索精神和战斗意志，为广大青少年树立了榜样。

这套丛书的主要读者对象定位为青少年，编辑针对他们的阅读习惯，对全书的语言文字，甚至内容，几番改动：用词更为简明规范；句式简单，便于阅读；内容既客观又开放，既不强加理念给他们，又希望能引发他们思考。

这套丛书的版式也是编辑的心血之作，什么样的图片更具有代表性，什么样的图片青少年更感兴趣，什么样的编排有更好的阅读体验……编辑可以说是绞尽脑汁，从书眉到样式，到文字底框的形状，无一不深思熟虑。

这套丛书从2012年开始策划，到如今付梓印刷，前后持续四年时间。2013年7月，这套丛书有幸被列入了“十二五”国家重点图书出版规划项目；2013年11月，为了抓住“嫦娥三号”发射的热点时机，我们将丛书中的《月球文化与月球探测》首先出版，并联合中国科技馆、北京天文馆举办了一系列科普讲座，在社会上产生了一定的影响，受到社会各界的好评，2014年年底，《月球文化与月球探测》获得了科技部评选的“全国优秀科普作品”；2014年7月，在决定将这套丛书其余未出版的九个分册申请国家出版基金的过程中，我们有幸请到北京大学的涂传诒院士和濮祖荫教授对稿子进行审阅，涂传诒院士和濮祖荫教授对书稿整体框架和内容提出了中肯的意见，同时对我们为科普图书创作所做的探索给予了充分肯定，再加上徐家春编辑在申报过程中认真细致的工作，最终使得本套书得到国家出版基金众专家、学者评委的肯定，获得了国家出版基金的资助。

感谢我们年轻的编辑：徐家春、张珑、许波，他们在这套书的编辑工作中各施所长，倾心付出；感谢前期参与策划的栾晓航和高志方编辑；感谢张凤梅老师在策划过程中出谋划策；感谢青年天文教师连线的史静思、王依兵、孙博勋、李鸿博、赵洋、郭震等在审稿过程中给予的热情帮助；感谢赵宇环、贾玉杰、杜冲、邓辉等美术师在版式设计中的全力付出……感谢所有参与过这套书出版的工作人员，他们或参与策划、审稿，或进行排版，或提供服务。

这套书的出版过程，使我们对于自身工作有了更进一步的理解。要想真正做出好书，编辑必须将喧嚣与浮华隔离而去，于繁华世界静下心来，全心全意投入书稿中，有时候甚至需要“独上西楼”的孤独和“为伊消得人憔悴”的孤勇。

所以，拿什么奉献给你，我的读者？我们希望是你眼中的好书。

附：《青少年太空探索科普丛书》编辑及分工

<table>
<tr><th>分册名称</th><th>加工内容</th><th>初审</th><th>复审</th><th>审读</th><th>编辑手记审校</th></tr>
<tr><td>遨游太阳系</td><td>统稿：张珑
文字校对：张珑、许波
版式设计：徐家春、张珑
3D 制作：李咀涛</td><td>张珑</td><td>许波</td><td>陆彩云
田姝</td><td rowspan="9">张珑
徐家春</td></tr>
<tr><td>地外生命的 365 个问题</td><td>统稿：徐家春
文字校对：张珑、许波
版式设计：徐家春
3D 制作：李咀涛</td><td>徐家春</td><td>张珑</td><td>陆彩云
田姝</td></tr>
<tr><td>间谍卫星大揭秘</td><td>统稿：徐家春
文字校对：许波、张珑
版式设计：徐家春</td><td>徐家春</td><td>张珑</td><td>陆彩云
田姝</td></tr>
<tr><td>人类为什么要建空间站</td><td>统稿：张珑、徐家春
文字校对：张珑
版式设计：徐家春、张珑</td><td>许波</td><td>徐家春</td><td>商英凡
彭喜英
陆彩云</td></tr>
<tr><td>空间天气与人类社会</td><td>统稿：徐家春
文字校对：张珑、许波
版式设计：徐家春</td><td>徐家春</td><td>张珑</td><td>陆彩云
田姝</td></tr>
<tr><td>揭开金星神秘的面纱</td><td>统稿：张珑
文字校对：陆彩云、张珑
版式设计：张珑
3D 制作：李咀涛</td><td>张珑</td><td>徐家春</td><td>吴晓涛
孙全民
陆彩云</td></tr>
<tr><td>北斗卫星导航系统</td><td>统稿：徐家春
文字校对：许波、张珑
版式设计：徐家春</td><td>徐家春</td><td>张珑</td><td>陆彩云
田姝</td></tr>
<tr><td>太空资源</td><td>统稿：徐家春、张珑
文字校对：许波、张珑
版式设计：徐家春、张珑</td><td>许波</td><td>徐家春</td><td>陆彩云
彭喜英</td></tr>
<tr><td>巨行星探秘</td><td>统稿：张珑
文字校对：张珑、许波
版式设计：徐家春、张珑</td><td>张珑</td><td>许波</td><td>陆彩云
孙全民
吴晓涛</td></tr>
</table>